商品蛇
饲养与繁育技术

主　编　陈宗刚　张　洁
副主编　王凤芝　张志新
编　委　周广如　杨淑荣　李俊秀
　　　　马永吉　张秀娟　王美玲
　　　　李显锋

科学技术文献出版社
SCIENTIFIC AND TECHNICAL DOCUMENTATION PRESS
·北京·

(京)新登字 130 号

内 容 简 介

人工养蛇是一门新兴的养殖业,其特点是经济价值高、适应性强、易饲养、好管理、饲养成本低。国内外市场需求呈逐步扩大趋势,发展前景十分广阔。

本书详细介绍了养蛇场址的选择、蛇场的建造、种蛇及品种的引进、饲养管理、繁殖与孵化、疫病防治、采毒及产品加工等。全书内容新颖,通俗易懂,融科学性、实用性于一体,可供相关专业及初养者认识、了解、养殖蛇类,加工蛇产品等参考使用。

科学技术文献出版社是国家科学技术部系统惟一一家中央级综合性科技出版机构,我们所有的努力都是为了使您增长知识和才干。

前　言

　　蛇类是野生动物中的一个大家族，分布广、种类多、数量大，但由于对野生蛇类的乱捕滥杀，生境破坏，造成了野生蛇类数量的急剧减少，甚至有的珍稀蛇类到了濒临灭绝的地步。加之科技飞速发展的今天，许多蛇类保健品、工艺品和日用品的不断上市，乱捕滥杀蛇类的现象日趋严重。为达到持续利用的目的，人工养蛇是保护野生蛇类，恢复珍稀和濒危野生蛇类数量的最有效手段。

　　蛇作为特种动物与其他畜禽相比，具有其独特的生物学特性、饲养管理、疫病防治特点。要想把蛇喂好、养好、繁殖好、管理好也不是一个简单的事情，重要的是要掌握蛇类的生活习性，尽量满足和维持其野外的生活环境，变野生为家养、家繁。

　　为了帮助大家提高养蛇技术，满足市场的需求，本书总结了大量养蛇技术资料，内容通俗易懂，融科学性、实用性于一体，是初养蛇者认识、了解、养殖蛇类，加工蛇产品的极有价值的参考书。

　　在编写过程中，参考了相关资料，在此向作者致谢。限于本人经验，难免有缺点和错误之处，欢迎广大读者批评指正。

编　者

目 录

第1章 概述 ……………………………………………… (1)
  第1节 我国蛇类的分类 ……………………………… (1)
  第2节 蛇类生物学特征 ……………………………… (8)
  第3节 人工养殖的主要蛇种 ………………………… (27)
  第4节 蛇养殖的价值 ………………………………… (49)
  第5节 蛇养殖的现状及前景 ………………………… (52)
  第6节 人工养蛇应注意的问题 ……………………… (53)

第2章 养殖场舍与设备 …………………………………… (60)
  第1节 场址选择 ……………………………………… (60)
  第2节 蛇场的种类与建造 …………………………… (61)
  第3节 其他养蛇设备 ………………………………… (72)

第3章 种蛇的获取及运输 ………………………………… (74)
  第1节 引种 …………………………………………… (74)
  第2节 种蛇的运输 …………………………………… (85)

第4章 蛇饵料 …………………………………………… (90)
  第1节 蛇类的食性及饵料种类 ……………………… (90)
  第2节 投喂方法 ……………………………………… (93)

第5章 饲养管理 ………………………………………… (99)
  第1节 种蛇的管理 …………………………………… (99)

第2节　蛇类的繁殖、孵化 …………………………… (104)

第3节　仔蛇的饲养管理 ……………………………… (114)

第4节　幼蛇的饲养管理 ……………………………… (118)

第5节　成蛇的饲养管理 ……………………………… (123)

第6节　蛇咬伤的防护及自救 ………………………… (138)

第6章　蛇病害与天敌的防治 …………………………… (150)

第1节　蛇病发生的原因 ……………………………… (150)

第2节　常见疾病的预防 ……………………………… (152)

第3节　常见疾病的治疗 ……………………………… (156)

第7章　蛇产品加工及贮存 ……………………………… (180)

第1节　蛇毒的采集与加工 …………………………… (181)

第2节　蛇蜕的采集与加工 …………………………… (195)

第3节　蛇的宰杀 ……………………………………… (196)

第4节　蛇肉及其副产品的加工利用 ………………… (196)

第5节　蛇标本 ………………………………………… (226)

附录一　申领野生动物驯养繁殖许可证 ………………… (231)

附录二　全国药材交易市场一览表 ……………………… (232)

附录三　中华人民共和国野生动物保护法 ……………… (234)

参考文献 …………………………………………………… (241)

第1章 概 述

蛇属爬行动物,我国约有200种,其中有50余种有毒。蛇全身都是宝,其价值人所皆知。其皮、肉、血、胆、蛇干、蛇鞭、蛇毒等各具不同的药用价值,特别是蛇毒是目前国内外极为短缺的动物性药材,在国际市场上被誉为"液体黄金",其价格比黄金贵几十倍,供不应求。

近些年,国家严格制止捕杀野生蛇类,但蛇类产品在国内外市场一直畅销,因而大力发展养蛇,是农民脱贫致富的好门路,也是振兴农村经济的"黄金事业"之一。

第1节 我国蛇类的分类

我国现有蛇类主要分布在长江以南诸省(区)。毒蛇的地理分布是以垂直分布来划分的,以沿海到海拔1000米左右的平原、丘陵和低山区较多。1000米以上山区较少,4000米以上的高山地区基本上没有毒蛇分布。

由于蛇类的栖息繁衍与气温、大气湿度、植被、小动物(昆虫)的关系十分密切,而我国南方地区地处亚热带及温带,丘陵山地多,阳光、雨水充足,森林茂密,植被丰富,河流湖泊纵横,蛇类赖以生存的小动物如鼠类、蛙类、鸟类资源相当丰富。蛇类可捕食的动物种类多,蛇的种类和数量也就随之增多。

一、生物学分类

目前,世界上已知并命名的动物种类超过 200 余万种。为了辨认、研究和利用如此丰富多彩的生物资源,科学家将其系统整理并分门别类,在分类过程中提出了一整套分类的方法,习惯上将其称为生物学分类方法。

蛇类属于动物界脊索动物门、爬行纲、蛇目。在蛇目中又分许多科,科以下分许多属,属以下又分种。我国分布的 200 多种蛇,分别隶属于 8 个科,即盲蛇科、蟒蛇科、瘰鳞蛇科、游蛇科、眼镜蛇科、闪鳞蛇科、海蛇科和蝰蛇科。了解生物学分类方法有助于我们区别不同的蛇类,在人工养蛇和捕蛇中判断其生物学分类,在没有饲养技术资料的情况下,可参照分类相近的蛇类饲养技术资料进行饲养、利用和研究。

1. 盲蛇科

主要分布在南方各省。

2. 蟒蛇科

蟒蛇生活在热带或亚热带森林中,沙蟒分布于我国西北各地,为大型蛇类。

3. 瘰鳞蛇科

主要分布于海南省。

4. 游蛇科

我国游蛇科蛇的种类很多,分布于南方各地。

(1)陆栖类

①火赤链(赤蛇):分布于南北广大地区,较为常见,生活在田野及村庄附近。

②黑眉锦蛇(黄颔蛇):主要分布于南方各省,喜欢在房屋内

及其附近居住,在高山、草原、园地等处亦有其踪迹。

③颈棱蛇(伪蝮蛇):分布于南方各地,生活在高山草丛中。

(2)树栖类

①过树蛇:分布于云南省和海南省,常栖息于树上,也有栖息于陆地者。

②翠青蛇(青竹标、小青、青蛇):分布在南方各省。

(3)穴居类:分布在南方各地,高山、平原均有,喜穴居。

(4)水生类

①水赤链游蛇(水游蛇):是南方各省常见的水生无毒蛇,生活在水田及沼泽地中。

②山溪后棱蛇:分布于南方的山地,生活于山洞中,喜潜在岩石、沙砾及腐烂植物下。

5. 眼镜蛇科

我国最常见和最出名的眼镜蛇有两个属,即环蛇属和眼镜蛇属,它们都是陆栖类。

(1)银环蛇(寸白蛇):分布在安徽、浙江、江西、湖南、湖北、福建、广东、广西等地,生活在平原与丘陵地带多水地域。

(2)金环蛇(铁包金、黄金甲、金脚带):主要分布于广东、广西、福建、云南、江西等地,生活在丘陵、山地、水域附近。数量比银环蛇少。

(3)眼镜蛇(梨头扑、饭铲头、扁颈蛇、吹风蛇等):分布在安徽、浙江、江西、福建、湖南、湖北、广东、广西、云南、贵州等地,生活在丘陵的山坡、坟堆、灌木林或山脚水边。

(4)眼镜王蛇(大扁颈蛇、大眼镜蛇、过山风等):该蛇数量少,分布在广东、广西、云南、贵州、福建、江西、浙江等地。

6. 闪鳞蛇科

分布于广东、广西、海南、浙江等南方沿海各省。

7. 海蛇科

主要分布在南方沿海几省、自治区的近海,约有 10 属 16 种。

8. 蝰蛇科

主要分布在广东、广西、台湾及东北、西北等地(区),有 2 属 4 种。

二、按唾液类型分类

因不同的蛇牙齿和唾液类型有较大差别,所以也有人按唾液类型进行分类。

一些蛇具有长而大的毒牙,在捕猎食饵时,能借毒牙将毒液注入所食动物体内,致使动物死亡,咬伤人类也能使人类致伤、致残或致死,习惯上人们称这类蛇为毒蛇。另一类蛇没有大的毒牙和毒腺,咬伤人类及饵料动物不具有致伤、致残和致死的作用,习惯上将这类蛇称为无毒蛇。无毒蛇有盲蛇科、蟒蛇科、闪鳞蛇科。毒蛇的毒牙可分为前沟牙、后沟牙和管牙,前沟牙类有眼镜蛇科和海蛇科,后沟牙类有游蛇科的一部分,管牙类有蝮蛇科和蝰蛇科。

了解蛇的唾液类型分类方法,在养蛇生产中有利于开发蛇毒产品类型,提高养蛇效益,便于蛇伤的预防和治疗。

三、按栖息特点分类

蛇种类繁多,栖息环境多种多样,从海洋到陆地,从河流到高山,从平原到山区,甚至地下都有可供蛇类栖息的场所。蛇类的居住场地也很多,有洞栖、树栖、陆栖、淡水栖和海水栖。蛇的生活地域由许多因素决定,具体的有海拔高度、植被状况、水域条件、食物对象等。某种蛇类的分布地域是在适宜的生存环境条件下形成的,它的形态结构与其环境条件和生存方式相适应。

1. 洞栖类

洞栖的蛇类大多数是一些比较原始和低等的中小型蛇类。它们的体形结构特点为头小,头骨连接牢固;口小,口的前方略向前突出;眼睛不发达,尾短;腹鳞有的未分化,有的不发达。洞栖的蛇类有盲蛇科、闪鳞蛇科等。洞栖的蛇类都是无毒蛇,它们一般在晚上或阴天到地面上活动。

2. 树栖类

树栖的蛇类主要栖居在灌木丛或乔木上,其体形细长,适宜缠绕;眼睛较大,视觉相对发达;腹鳞宽大,两侧有侧棱。树栖的蛇类有后沟牙类毒蛇中的金花蛇、瘦绿蛇、纹花林蛇、繁花林蛇,管牙类毒蛇中的竹叶青和烙铁头也属于此类。

3. 陆栖类

蛇类中的大多数都属陆栖类,这些陆栖蛇类体形特点是腹鳞多数宽且大,在地面上行动迅速,包括生活在山区的福建丽纹蛇、白头蝰、五步蛇、竹叶青、烙铁头、山烙铁头等毒蛇;生活在平原丘陵的金环蛇、银环蛇、蜂蛇、竹叶青等毒蛇;生活在沙漠地区的无毒蛇沙蟒和后沟牙类毒蛇花条蛇等;在山区、平原及丘陵均有分布的如眼镜蛇、蝰蛇等。这些陆栖蛇类多是分布广泛的毒蛇。

4. 淡水栖类

以淡水为栖息场所的蛇类主要是在淡水域内活动及觅食,这类蛇的典型代表为后沟牙类铅色水蛇、中国水蛇等。这些蛇生活在静水稻田或水塘中。这类蛇的体形特征是蛇体较粗短,尾部也较短,腹鳞不太发达,鼻孔位于吻部背侧。

5. 海水栖类

海水栖类蛇一生都生活在海水里,主要是前沟牙类海蛇科毒蛇,这些海蛇大都是剧毒蛇。其体形特征为尾侧扁,鼻孔位于吻背,躯干略侧扁,腹鳞不发达,有的已退化消失。无毒蛇类中的痛鳞蛇也生活在沿海的河口地带,这种蛇的外形特征与海蛇相似。

了解蛇的栖息类型分类方法,可根据蛇的栖息特点,创造更接近其野生的生存环境,有利于提高养蛇技术和增加经济效益。

四、按经济分类

随着经济的发展和人们对蛇认识的不断深入,蛇的用途越来越广,有人提出了按经济用途分类的方法。从目前我国养蛇的具体情况来看,凡可药用、食用、观赏和其他有经济价值的蛇均称为经济蛇类。当前国内各地较大规模集中饲养的蛇类,主要是具有养殖价值的经济类蛇种。经济价值较高的约有 30 多种,养殖的方式与方法也很多。从目前我国的具体状况来看,经济蛇类主要分为药用蛇、食用蛇、工业用蛇、观赏蛇和饲料蛇五大类。

1. 药用蛇

药用蛇是指蛇的整体、部分器官、组织或蛇产品入药,可以用来治疗人类某些疾病的蛇类。药用蛇的种类比食用蛇种类相对要多一些。食用蛇讲究口味和营养,而药用蛇主要是看治疗疾病的效果,口味与营养则次之。目前,在我国可供药用的蛇约占总种数的一半左右,像尖吻蝮、金环蛇、银环蛇、眼镜蛇、蟒蛇、钝尾两头蛇、三索锦蛇、黑眉锦蛇、乌梢蛇、滑鼠蛇、灰鼠蛇、中国水蛇、青环海蛇、蝮蛇、竹叶青、烙铁头、赤链蛇、虎斑游蛇、红点锦蛇等都是著名的药用蛇。

2. 食用蛇

食用蛇指可以直接被人类食用的蛇。从当前的状况来看,食用蛇的种类相对要少一些,只占蛇总种数的 10%。供食用的蛇,首先其肉质对人类来说应有极佳的口味。其次,人们在食用蛇时,更多考虑的是其营养价值和药用价值。而从目前的状况来看,食用蛇一般都或多或少有一定的药用价值,药用蛇大多也具有食用的价值。因此,随着社会的发展,一些新的保健食用蛇种逐渐被开发出来,食用蛇的类型将会越来越多,养蛇的经济效益将逐渐在蛇养殖中得以发展。

3. 工业用蛇

工业用蛇指蛇体的全部或部分能够充当工业原料的蛇,目前主要用于制革和化妆品行业。蛇皮是指人工从蛇体剥离下来的表皮,也就是真皮。蛇皮的主要制品有手提袋、皮带、钱包、皮夹、表带之类的工艺日用品、乐器及装饰品。蛇皮产品在美国、英国、法国和我国香港等地很受欢迎。皮用蛇一般都是体型较大的蛇,如蟒蛇、眼镜蛇、黑眉锦蛇、棕黑锦蛇、王锦蛇、百花锦蛇、滑鼠蛇、灰鼠蛇、乌梢蛇等。

4. 观赏蛇

观赏蛇是指供人们观赏的蛇。根据观赏方式的不同,又分为生态观赏蛇和艺术观赏蛇。

(1)生态观赏蛇:观赏蛇依据组织者的目的、经济能力、蛇类来源的不同,种类可多可少。例如,为了宣传毒蛇的危害和预防人们受到伤害,仅将重要的毒蛇展示在蛇箱或蛇馆中,所需也不过几种或十几种。若是为了全面了解中国蛇类形态分类等状况,可能就需将中国现有的200多种蛇统统集中在某个大型的蛇馆或蛇园中。因此,生态分类观赏蛇的种类多寡不一。

(2)艺术观赏蛇:蛇种类较少,一般较常见的主要是眼镜蛇和一部分无毒蛇。艺术观赏蛇在进行艺术表演的时候,为了防止毒蛇对人的伤害,往往将其毒牙拔掉,以免发生意外。

5. 饲料蛇

饲料蛇是指充当其他动物饲料的蛇类,用作饲料的蛇类,主要考虑来源方便和经济便宜。一般来说,以蛇充作动物饲料,主要是用于养蛇业。

蛇的食性极其复杂，一些蛇只吃种类很少的几种动物，有的却只嗜食某一种动物，也有一些却嗜食其他蛇，如银环蛇嗜食红点锦蛇，眼镜蛇嗜食崇安斜鳞蛇、玉斑锦蛇、金花蛇，尖吻蝮嗜食保氏水蛇，金环蛇嗜食白条锦蛇、红点锦蛇等。崇安斜鳞蛇、金花蛇、白条锦蛇、红点锦蛇等可以作为银环蛇、眼镜蛇、蕲蛇、金环蛇的饲料蛇。

第2节 蛇类生物学特征

一、外部形态

众所周知，蛇类是一种较为原始的爬行动物。蛇体细长，体表被鳞片包覆，像盔甲一样保护着全身，不同种类的蛇各有其不同的体形特征。蛇类的体形大小相差十分悬殊，体重亦是如此。

蛇类的形体可分为头、颈（一般不明显）、躯干和尾。腹面的泄殖肛孔是躯干和尾的分界线。低等蛇类在肛孔两侧各有一呈爪状的、已经退化了的后肢残余。

蛇类的头较扁，躯干较长，尾部细长、侧扁或呈短柱状。蛇类没有四肢，它的四肢全部退化，依靠肋骨和腹鳞的活动来完成爬行和盘蜷。

蛇类的头部有一对鼻孔，位置在吻端两侧，具有呼吸功能。有一对眼睛，没有上下眼睑和角膜，只有一层透明的膜。蛇类没有耳孔和鼓膜，但具有发达的内耳和听骨。蛇类的舌没有味觉功能，由于蛇舌的不停伸缩，可以把空气中的化学物质黏附在蛇舌面上，送进位于口腔顶部的锄鼻器而产生味觉，因此蛇舌起触觉作用。

蛇类的头呈椭圆形和三角形两种，绝大部分无毒蛇的头呈椭圆形。雌蛇的尾部短而细,当用两手指紧捏肛孔后端时,雌蛇的肛孔显得平凸。雄蛇的尾略长且粗,长有雄性标志——蛇鞭,亦称交接器,当用两手指紧捏肛孔后端时便会显露出来,这是雌雄蛇的主要区分点。

蛇类表面的色泽因其种类不同而有差异。蛇类的鳞片色彩具有警戒作用,同时它又与蛇类所栖息的生存环境的主色调相近,从而具有保护色的功能。

二、内部结构

蛇体由皮肤系统、骨骼系统、肌肉系统、呼吸系统、消化系统、循环系统、尿殖系统、神经系统和感觉系统组成。

1. 皮肤系统

蛇类的皮肤系统由表皮和真皮两部分组成。蛇体表鳞片是表皮的角质化产物,真皮由浅的疏松结缔组织、色素细胞以及深层的致密结缔组织组成。

蛇类皮肤色素细胞发达,不同种类的体色和斑纹亦不同。同时,每种蛇还具有固定的鳞片数,这是有别于其他蛇类的重要依据。蛇类的表皮一般是定期蜕换的,就是指蛇类蜕皮,其蜕皮的次数与生长速度密切相关,生长较快的蛇每1~2个月蜕皮一次,大多数蛇类每年蜕皮2~4次。

人工养殖条件下,所养品种的蜕皮快慢,亦与养蛇技术、饲料配比、地理环境有关,这也是检验养殖技术的一个重要依据。

2. 骨骼系统

蛇类的骨骼系统包括头骨、脊椎骨和肋骨三部分。头骨由脑质咽颅和皮颅组成,具有较大的活动性,使口腔张得很大,可达130°角,能吞食比头大的食物。蛇类的脊椎骨由212~232个锥体连接而成,多者可达500块。脊柱分成寰锥、枢锥、躯锥及尾锥四部分。寰锥与头骨的枕骨踝关节连接,能与头骨一起在枢锥的齿突上转动,增大了头部的灵活性。蛇类没有胸骨,其肋骨成对地附着在躯锥的锥体上,可达100~200块,这样既能支撑肢体,保护内脏,又便于灵活地运动和盘蜷,具有较大的灵活性,能支配腹鳞完成特殊的爬行动物。

3. 肌肉系统

蛇类的肌肉系统包括头部肌肉、躯干部肌肉、尾部肌肉以及皮肌。头肌分布于头的背面、腹面、两侧以及眼的周围。躯干部的肌肉分为轴上肌及轴下肌。轴上肌位于脊椎骨的上面,轴下肌位于脊椎骨的下面,并有长肌和短肌之分。尾部肌肉结构基本与肌肉一样。蛇类肌肉系统中,皮肌发达且在完成运动过程中起着重要作用,分布于躯干部的腹面,包括上肋和下肋皮肌。这些皮肌的收缩,可以改变蛇鳞的位置和肋骨的移动,以此来完成蛇类的爬行。

4. 呼吸系统

蛇类的呼吸系统是由鼻腔、喉头、气管和肺4个部分组成的,主要功能是完成气体交换。

蛇类的鼻腔包括内鼻孔、鼻腔和外鼻孔3部分。外鼻孔位于吻的两侧(水生种类的蛇则偏向背面,有利于露出水面呼吸);内鼻孔位于口腔前背壁面。在进行呼吸时,外界空气由外鼻孔进入鼻腔,再经内鼻孔与喉相通。

蛇类的喉头开口位于口腔底部的前方、蛇鞘的后方,由3块软骨组成。喉口为纵裂状,是气管的开口。蛇类吞取食物时,喉头常逸出口外,不致影响呼吸。蛇类的喉头没有声带,因此不会发声。但有的蛇,如眼镜蛇和眼镜王蛇,虽没有声带,在发怒时仍能发出"呼呼"的恐吓声,以威胁对方。这是由于躯干肌肉的紧张性在特定情况下骤然增强,能够把肺内贮存的空气快速压出,再经过肺部及气管,最后由较狭小的喉口吹出,当气流经过气管时,产生振动而形成声音,此声音源于口腔的共鸣。

蛇类的气管较长,约为食管的一半,是由许多不完全的软骨环构成的,软骨环的形状类似字母"C"。软骨环之间,靠膜性结缔组织相连接,背侧的缺损由结缔组织所填充,其后端与肺相通。自肺的前端开始,气管在背面的软骨环缺损处,有一条长沟与肺直接相通。气管沿着肺中线向后延伸,直到肺的前2/3处分叉,形成左右两只气管。其支气管极短,仅由几个软骨环组成,长度约1厘米。气管与支气管共为蛇类的呼吸通道。

蛇类的肺部一般呈长囊状,左右两肺差异颇大。绝大多数蛇类的左肺大大缩小,甚至完全消失,惟有蟒蛇和闪鳞蛇有一个机能性左肺,即使如此,其左肺也明显比右肺小。蛇类为弥补这一原始缺陷,一部分靠右肺向后延长,一部分靠气管形成的一个附加的呼吸面,即所谓的气管肺,来增强呼吸能力,完全正常呼吸。

蛇类的右肺比较发达,前端起于咽喉部,后端止于近胆囊处,长度约为体长的1/10。其右肺分为前、后两部分。前部占全肺长的2/5左右,其内壁有许多呈蜂窝状的肺泡,在肺泡上分布着无数微血管,为气体交换的主要部位。其后部肺内壁光滑,无蜂窝状结缔组织,呈薄囊状,是贮存空气的场所。蛇类无胸骨,借助于肋骨运动,导致胸膜腔的扩大或缩小,从而吸进新鲜空气,排出肺脏的二氧化碳,进行气体交换,最终保持呼吸畅通。但肺的通气还受环境因素的影响,这要引起养蛇者的注意。

大多数蛇类是陆生蛇,多进行肺呼吸。但也有水生的,虽然蛇类的肺是气体交换的主要器官,但其皮肤也具有一定的气体交换功能。例如,海蛇中的长吻海蛇至少潜水至20米深度,它就是通过皮肤排出二氧化碳,来进行气体交换,保证正常呼吸的。

5. 消化系统

蛇类的消化系统是由消化管和消化腺组成,其消化道随着身体的结构形成一根笔直的管子,由口腔、食道、胃、十二指肠、小肠、直肠、泄殖肛腔、泄殖肛孔、肝、胰等组成消化管和消化腺两部分。其中消化腺包括肝、胰、毒腺、唇腺等。蛇类的消化管起于口腔,止于泄殖肛孔,是一条既长而各部位的口径又具有一定差异的长管,这样有利于蛇的消化和吸收,不会妨碍消化道内食物的蠕动,其伸缩性极强,故蛇一次性可以吞吃大量的食物。

蛇类的口腔位于上、下颌之间的空腔,由舌和齿构成。蛇齿数量较多,着生于上颌骨、腭骨、翼骨和齿骨上,并有分化。口腔是蛇类进食消化的"第一站"。

蛇类的食道长而直,约为体长的1/2。其内壁具有明显的纵形皱褶,前端与口腔相连,食道壁较厚具有极强的伸缩力。因此,蛇的食道可以通过较大的食物。

蛇类的胃是消化道中最大的膨胀部分,呈直管状,其长度约为食道的1/4。蛇胃的肌肉也比食道发达。胃的内壁可见粗大的纵囊,伸缩性很强。蛇的消化过程比较缓慢,故食物在胃中停留的时间比较长,一般多为7~10天。

蛇类胃的后部与十二指肠和回肠相连。十二指肠短而直,长度仅1厘米左右,蛇胆汁和胰液分泌到十二指肠。回肠略弯曲,总长度与食管大约相等,其前后分别与十二指肠和大肠相连,呈左右来回状盘曲在蛇体的腹部,具有吸收水分的作用。蛇类的小肠比较细小,肠壁也轻薄,但比食道厚,有发达的肌肉与黏膜层,以增加小肠消化与吸收的面积。

蛇类的直肠位于小肠以下,状短粗,其长度大约为食道的1/10,直肠的末端是泄殖肛腔。

蛇类的泄殖肛腔是大肠、输精管(输卵管)、输尿管、交接器共同开口的地方,故蛇的屎尿不分,排泄物及食物的残渣常混成半液状的物质,经由泄殖肛孔排出体外,完成正常的新陈代谢。

蛇类的消化腺亦称为毒腺,为毒蛇所特有。一般位于眼的后下方,口角的上方,上颌的外侧。毒腺的大小与蛇的种类和蛇体的大小以及全长成正比。蛇腺导管与蛇毒前部向前延伸形成,是与毒牙基部连接的管道。所有的毒蛇都有口腔黏液腺,它的这些黏液，不仅可以湿润食物，更主要的是毒腺分泌的毒液中含有多种腺体，亦称为消化液。

6. 循环系统

蛇类的循环系统是由心脏、动脉和静脉等组成的，负责为机体提供营养物质和排出代谢物质。

蛇类的心脏位于体腔前部，但不同种类的蛇的心脏位置存在一定的差异。蛇的心脏分为心耳（相当于心房）和心室。心耳又分为左心耳、右心耳，身体各部分新陈代谢回来的浊血经静脉窦流入右心耳，而左心耳接受由肺静脉回来的干净血液。蛇的心室还没有完全分隔开，所以心室的血也仍有部分浑浊不清，但属正常。

蛇类的血管也有动脉、静脉之分，凡离开心脏的血管称为动脉，而回到心脏的血管称静脉。从心脏分出的有三条动脉干，即左大动脉弓、右大动脉弓及肺动脉。静脉主要由体部前段会向心脏的前腔静脉和体部后端会向心脏的后腔静脉，汇经静脉窦流入右心耳。

7. 尿殖系统

蛇类的尿殖系统包括泌尿系统及生殖系统。

蛇类的泌尿系统包括一对肾脏和输尿管。其肾脏属于后肾，位于体腔后部，呈长形，色为赤褐或棕红色，是蛇类体内成对器官最大的一对。两肾位置交错，右肾较左肾位置略前，同时也长于左肾。在每个肾脏内侧的前方，分别由1个输尿管向后延伸，直达泄殖肛腔。在雄蛇体内，左右输尿管再将入尿殖肛腔的地方，分别与左右输精管合并，开口于尿殖肛腔前部的背壁。在雌蛇体内，左、右输尿管分别开口于尿殖肛腔中部的背壁，不与输卵管合并。其臭腺位于尾基部，有1对，呈长囊状，开口位于尿殖肛腔后外侧缘。在发情期分泌特殊气味的分泌物，以此招引雄蛇进行逐偶和交配。蛇类无膀胱，屎尿一同经过尿殖肛孔排出体外。

蛇类的生殖系统为雌雄异体,包括雄性生殖系统和雌性生殖系统。雄性生殖系统包括睾丸、附睾、输精管、交接器(半阴茎)和臭腺所组成,左、右各一个。雌性生殖系统包括卵巢、输卵管及臭腺各一对。

8. 神经系统

蛇类的神经系统包括中枢神经和外周神经两部分。中枢神经由脑和脊髓构成,是蛇类的支配系统。外周神经由脑神经和脊神经构成,是一种感觉、运动神经。

蛇类神经系统不发达,但应急反应比较灵敏,已能适应各种比较高级的活动。

9. 感觉系统

蛇类的感觉系统由眼、耳的柱骨、内耳、颊窝、舌、锄鼻器和鼻组成。感觉器官的功能是接受外界环境的各种不同刺激,再通过神经冲动,完成感觉功能。

蛇类的眼睛看似明亮有神,但是视力却很弱,是个十足的"近视眼"。这是因为蛇的双眼着生于头的两侧,能够达到的可调节视野重叠范围是极其有限的。所以,蛇的视力很差,几乎1米以外的物体很难看见。再者,蛇的眼后没有视凹,直接导致视力不敏锐,尤其对静止的物体更是视而不见。它只能辨认距离很近的活动物体,这就是在人工养殖的条件下,饲养的人部分毒蛇不吃已死食物的主要原因。

另外,蛇的眼睛与其他脊柱动物相比,其构造是比较特别的。蛇类没有眼睑,眼球不能转动。蛇的眼睛没有角膜,是由一块固定的、透明的环状鳞片保护起来的。这块环状护眼鳞片,同其他鳞片一起蜕皮,一起更新。因此,蛇的眼睛不能闭合,就是睡觉或死了也给人一种睁着眼的感觉。

蛇类视力最弱的时候,是在蜕皮前期。它的皮肤达到一定程度和时期就要更新蜕皮,其表皮会在几天内变成粗糙的乳白色。

这时候的蛇几乎完全变成了瞎子,直到表皮完全蜕去,蛇才恢复原来那点可怜的"弱视力"。

蛇既是瞎子也是聋子,这是因为它没有外耳、鼓膜、鼓室和耳咽管,故听不见周围传来的声音。但是蛇有发达的听骨和内耳,能十分敏锐地接受地面振动传来的声波刺激,所以人或动物在地上行走时或用棍棒敲打地面的声音,能把蛇驱赶走。

蛇的嗅觉是比较发达的,它的主要嗅觉器官是由锄鼻器和生长在口腔内的舌头共同组成。蛇的锄鼻器有一对,位于口腔顶部腭骨前方深凹处,通过嗅觉神经与脑神经相连。但是锄鼻器并不与外界相通,要实现它的嗅觉功能,必须借助于舌头。蛇的舌头又叫"蛇信子",细长有分叉,总是不停地吞吐着,特别是在爬行的时候,舌头吞吐得更快,样子令人畏惧,常被人们误认为是有毒器官,实际上它并没有毒。舌头的基部有舌鞘,鞘内可以容装整条舌头,当舌鞘收缩时,舌头迅速从鞘内弹出。所以,蛇不用张口即可以吐舌。蛇的舌头尖上有丰富的黏液和许多敏感物质,起触觉和味觉的双重功能。

蛇类虽然不是惟一的无足动物,但无疑却是无足爬行动物中最出色的种类。蛇无足,行动却自如、快速、敏捷,这是因为蛇的整个身体都是运动器官。因蛇的脊椎骨很多,且短而宽,每个脊椎骨都与肌肉和鳞片相连,并且相邻的脊椎骨可相对上下弯曲28°,左右摆动50°,把这两者结合起来,就形成了蛇独特的缠绕功能。再者,蛇脊柱两侧各有一组肌肉,一侧收缩时,另一侧舒张,这种一张一弛的波浪式运动能从头至尾在身体两侧及相反位置传递。如果这种波浪式运动在传递过程中没有遇到阻碍物,这些肌肉活动所形成的弯曲就会毫无阻力地通过全身;但如果地面凹凸不平或坎坷狭窄,蛇的弯曲运动就会受到干扰,并在每一处身体接触点产生压力,这种压力便是蛇向前运动的推动力。若在光滑的玻璃板上或地板砖上,蛇就不那么爬行自如了。蛇的脊椎骨在活动时也会受到一定角度的限制,这使它转弯和掉头都会受到影响,爬行速度自然慢了许多。

大多数蛇类的最快爬行速度是每小时 1.5 千米,有几种速度较快的蛇,约每小时 6 千米,与人类步行的速度差不多。爬行动物较快的蛇非乌梢蛇莫属,爬行较慢的有蝮蛇、赤链蛇。

蝮蛇科的毒蛇,如蝮蛇、五步蛇、竹叶青、烙铁头等,在头部两侧鼻孔与眼之间各有一凹陷,称为"颊窝"。颊窝系上颌骨的深凹,前宽后窄呈三角形,有一颊窝膜把它分成里外两部分,外面由一个小孔与空气接触。薄膜上布满神经末梢,对红外线特别敏感,故又被称为"热感应器"。能辨别来自辐射面小于 $0.1\sim0.3$℃ 的温差变化,并且能准确地确定方位,这对于它们寻找食物和御敌有着重要作用,这种独特结构,在夏秋两季凉爽的晚间更显优越性,因此时猎物与周围环境的温差更大。蟒科的部分种类在唇部有唇窝,也是热测位器。蚺科中的某些种类在鼻孔上方有小窝,其神经分布与颊窝相似。

颊窝不仅有助于蛇类觅食和躲避天敌,而且更有利于雄蛇求偶,找寻同种雌蛇交配。具有颊窝的毒蛇有扑明火的习性,所以夜间明火照明在野外行走或捕蛇应特别小心,以免被咬伤。

三、生活习性

我国地域广阔,气候温暖,适宜蛇类的生长。蛇类的生活环境与其所栖息的生存环境是一个既统一又协调的整体,研究、探讨蛇类的生活习性,不仅能帮助我们了解其生存条件及其生活方式,更重要的还在于掌握蛇类的生活习性及其活动规律,更好地为人工养殖、综合开发、利用蛇类打好基础。

蛇是一种变温动物,对周围环境的温度反应比较敏感。体温高时,代谢率高,活动频繁;体温低时,代谢率低,活动减弱。炎夏的酷暑,它们喜欢在树阴、草丛、溪旁等阴凉场所生活栖息;从秋季到冬季,逐渐进入到"冬眠"期。在我国北方,蛇类进入冬眠期要略早一些,约在10月中下旬;而在南方,则在11月、甚至12月蛇才进入冬眠,这时它们往往是几十条甚至成百条群集在位于高燥处的洞穴里或树洞里蛰伏过冬。春天来临的时候,气温逐渐上升,当气温上升到10℃以上时,蛇类便逐渐苏醒过来,逐步开始活动,这便是蛇类的出蛰。北方的蛇出蛰晚些,约在4月上中旬;南方的蛇出蛰较早些,约在3月初至4月初。

毒蛇依其昼夜活动情况不同,可分为三类:第一类是喜欢在白天活动的,称为昼行性蛇类。第二类怕强光,喜欢在白天隐伏,夜间活动,称为夜行性蛇类。第三类为喜欢在光线较弱的情况下活动的(多在晚上及阴雨白天活动,耐寒性强),称晨昏性蛇类。

蛇类活动受温度的影响要比受光线的影响要大得多。如昼行性的眼镜蛇,在十分炎热的夏天,经常在夜间出现;晨昏性的蝮蛇在低温天气,常在中午前后阳光充足时出没,而夜间活动很少。一般来说,蛇类活动较适宜的温度是20~30℃。当气温在25~32℃左右,出窝活动较为频繁;气温下降到10~13℃时,蛇会本能地寻找温暖场所;33℃以上,便寻找阴凉的地方或爬到水池、水沟中浸泡纳凉。初春阳光明媚的日子,当气温上升到18℃以上时,蛇喜欢在中午出窝晒太阳;夏季暴雨过后,尤其是晚间,蛇出窝透气的特别多,几乎是倾巢而出。若环境温度在-5℃以下或45℃以上,蛇类1小时之内就会死亡。此外,蛇类还怕风怕雨,大风天或下大雨天蛇几乎不出洞。更有趣的是,生活在热带的蛇不单在冬季"冬眠",而且在炎热干旱的夏季亦需进行"休眠",动物学上称之为"夏眠"。

其他时间如白天"反常"出来的蛇,大多是体弱或有病的蛇,应抓紧隔离治疗。但也有例外的时候,那就是少数健康的公蛇也喜欢白天出窝活动。健康蛇与病蛇从外观上看是很容易分辨的。

四、摄食习性

蛇类为肉食性动物,主要捕食活食,极少数蛇类食死的动物。由于蛇类所处的生活环境不同,体型大小各异,处在不同的生长时期,其捕食的食物亦大不相同。

生物学家根据蛇类捕食品种的多少,将其细分为狭食性蛇类和广食性蛇类两大类。无论是广食性蛇类还是狭食性蛇类,它们均有如下几个共同特点。

1. 采食均是整吞

蛇在捕食时,不是将咬住的动物咬碎后一口一口地往下吞咽,而是整体吞食。但它并不因吞吃巨食而引起窒息,这是因为蛇的喉头一直前伸至下颌边缘,可以随时顺利地进行闭口呼吸,根本不受吞食大体食物的影响。如果它捕到较大动物难以吞咽时,便用自己细长身体的前半部把动物缠绕并挤压变细后再慢慢吞食。毒蛇因为生有毒牙,它们捕食较无毒蛇容易些,捕到食物后,立即把毒液注入被捕获的动物体内或咬住后稍等片刻,一般猎物被咬后2~3分钟即中毒死亡;再从容不迫地从头部开始吞食,也有从咬获部位开始吞食的情况,如虎斑蛇、赤链蛇等。蛇类的消化能力很强,只有动物的毛、羽及角不能消化,从大便中排出。有毒蛇的毒液中含有多种酶,能起到促进消化的作用。所以它比无毒蛇的食量大一些,食物消化的间隔时间也比无毒蛇提前许多。

2. 个别蛇吃"腐"食

绝大多数蛇类只捕食活的小动物,对已死动物是不予理睬的。仅有个别蛇类除吞吃活体动物外,还喜欢吞食"腐臭"的动物尸体,如赤链蛇。人工养殖条件下,是不赞成让蛇吃"腐"食的,以防引发肠炎。

3. 因环境"择"食

由于蛇类所处的生活环境不同,大部分野生蛇类喜食各种活体的小动物,但在饥饿时绝大部分蛇类都有吞食同类或别种蛇类的习性,尤其是成年蛇会吞食其幼仔。各种不同种类的蛇,所吃的食物是有区别的,一般根据它所捕食动物的品种将其分为广食性蛇类和狭食性蛇类两大类。狭食性蛇类仅吃某一种或几种食物,如眼睛王蛇只吃蛇和蜥蜴;翠青蛇只吃蚯蚓和昆虫;乌梢蛇只吃青蛙(在人工饲养条件下经驯化也吃泥鳅和小白鼠);还有一种只吃鸟蛋的食蛋蛇。广食性蛇类大多在地面栖居,捕食的范围大,食源也较广泛,如赤链蛇吃杂鱼、青蛙、蟾蜍、小鸡雏、蜥蜴、鸟及蛇,还吃部分死食;灰鼠蛇既食蜥蜴、蛙、昆虫,又爱捕食鸟、鼠和其他蛇类。眼镜蛇除吃上述食物外还吃鸟蛋。

蛇的食物种类并非固定不变,究竟以何类食物为主,与它们所栖息的环境和分布区域有关,如草原蝰在春季以食蜥蜴为主,到夏季蝗虫多时则主食蝗虫。赤链蛇在野外以食蛙、食蛇为主,人工饲养时投喂泥鳅仍能摄食。但人工养殖条件下只能根据它的主要食性喂些力所能及的食饵,如蛙类、鼠类、鱼类、禽蛋及水中游蛇等。限于人工养殖的蛇不如野生蛇天然食饵丰富的缘故,在养蛇过程中我们必须要了解所养蛇类的食性,投放它们喜食的食物,尽量达到其营养所需。

4. 采食随着季节"变"

大多数蛇类的采食结构会随季节变化而发生变化。这是因为季节不同,蛇采食的食物品种和数量也不同,随着季节的不断变化,原来可采食的动物已长大或没有了,只能选择其他动物来饱腹。再者,不同季节蛇类活动的时间也因所采食动物的活动时间而改变,如乌梢蛇便随着蛙类上岸活动空间而调整自己的捕食时间。春天因蛙类处在交配期,在岸上的时间比较长,乌梢蛇便全天采食;夏季天热,蛙在傍晚或清晨活动量大,乌梢蛇吃食便改在"一早一晚";秋季乌梢蛇也是随蛙类活动而改变捕食时间的。

5. 成蛇、幼蛇的食性差异大

有的蛇类,成蛇和幼蛇在食性上的差异比较大,如极北蝰和蝮蛇,成蛇以鼠类为食,幼蛇则食各种昆虫和其他无脊椎小动物。

6. 消化快慢有区别

蛇类消化食物的速度快慢与所处环境的温度有关。在正常情况和一定的温差范围内,环境温度越高,蛇的消化速度越快;反之则相反。其进食频率亦与消化快慢有直接关系。另外,蛇类的消化能力非常强,无论吞食什么动物都能充分地消化、吸收,只有鸟羽、蛋壳和兽毛不能消化,随同粪便一起排出体外,不会造成消化不良。

7. 蛇离不开水

众所周知,蛇类的耐饥饿能力比较强,常常可以几个月甚至一年不吃食物也不至于饿死(只是不死而已,健康状况则谈不上)。但蛇类一般都是嗜水动物,除沙蟒、花条蛇等荒漠上生活的蛇类不需要额外饮水外,其余蛇类都需要适量饮水。有水无食的情况下,蛇类耐饥饿的时间相当长;无食又无水的话,蛇类耐饥饿程度则会大大缩短。蛇类蜕皮也需一定的水分,因干燥而蜕不下皮的蛇类,喜欢潜在水中浸泡,离水后很快就能轻松蜕皮。

8. 蜕皮时捕食有异

蛇类蜕皮时,陆地生活和树栖生活的蛇类均停止捕食,而穴居生活和半水栖生活的蛇类则照常捕食。这是因为前者觅食以嗅觉为主,视觉为辅,蜕皮时对嗅觉没什么影响,因此会照样捕食,与平时没什么两样。

五、活动规律

　　毒蛇的活动规律跟无毒蛇一样,也是因地域和种类的不同而有明显的差异。有的喜欢白天觅食活动,如眼镜蛇、眼睛王蛇等,蛇类学家称之为昼行性蛇类;有的喜欢昼伏夜出,如金环蛇、银环蛇、赤链蛇等白天怕强光,喜欢夜间出来活动和觅食,称之为夜行性蛇类;有的喜欢在弱光下活动,常在清晨、傍晚和阴雨天出来活动觅食,如蝮蛇、五步蛇、竹叶青、烙铁头等,称之为晨昏性蛇类。

　　毒蛇的具体活动时间还与所捕食对象的活动时间相关联,并不是一成不变的。如蝮蛇,多于傍晚前后捕食蛙类和鼠类;但"蛇岛"蝮蛇则于白天在向阳的树枝上等候捕食鸟类;新疆西部的蝮蛇也常于白天捕食蜥蜴。

　　蛇类活动又随季节变化而有差异。每年3月中旬(惊蛰至清明),由冬眠转为复苏,反应迟钝,动作缓慢,是捕蛇的好季节。4~5月(清明至小满),蛇活动增强,四处觅食,是蜕皮交配的季节,但爬行速度较慢,是捕蛇的极好季节。6月(小满至夏至之前),蛇活动频繁,经常外出觅食、饮水或洗澡。7~8月(小暑至处暑前),是气温最高的月份,蛇多数早晚和夜间出来活动觅食。9~10月(白露至霜降前),又是蛇活动较频繁的季节,通过大量捕食来增加体内营养的贮备,为冬季御寒或冬眠打下基础。11月(霜降)以后,当气温下降至13℃以下时,蛇类陆续进洞冬眠。

　　后沟牙类毒蛇隶属游蛇科,是介于毒蛇和无毒蛇的中间种类,此类蛇多属中小型蛇类,故人工饲养多以体型稍大的赤链蛇、虎斑蛇为重点饲养对象。这两种蛇的生活规律也是介于毒蛇和无毒蛇之间,如虎斑游蛇,多于暴雨或阵雨过后倾巢出动,大量捕食;有些性急的捕食后不管是不是头部,则一味地往口腔内硬吞。赤链蛇属于夜间活动的蛇类,多在晚8时以后出窝活动、觅食,一直到次日凌晨东方发白之时再返回原洞;此蛇白天很少活动,若发现白天有在窝外活动的多为病蛇,应引起注意。

六、生长与繁殖特性

1. 蛇类的生长

许多动物幼年时期生长较快,在达到性成熟时,就已生长到该物种的固定大小,以后则停止生长。而蛇类则不同,它在幼年时生长最快,以后的长势逐渐减缓,性成熟后仍然继续生长。也就是说蛇在从幼蛇到成蛇的生长过程中,是间断的、分阶段的生长。一般幼蛇的生长速度快于成蛇,而年轻的成蛇又快于年老的成蛇。幼蛇只要经过1~3年就可以达到性成熟。影响蛇生长速度的因素很多,如蛇的种类、温度、光照、食物、环境和水分等,而同一种蛇因性别的或个体的不同,其生长速度也有差别。以温度为例,在蛇适宜的温度范围内,温度高则蛇类生长快,反之较慢一些。这是因为温度直接影响代谢率及觅食和捕食频率,而且也间接影响与生长有关的内分泌系统。光线的强弱则主要影响内分泌系统,而影响生长速度。食物及水是影响蛇类生长的关键性物质因素。环境是否适宜是直接影响蛇类正常生存的条件之一。

蛇类与其他家禽、家畜相比,长势比较缓慢,年增重仅0.1~0.5千克(蟒蛇除外)。蛇类不但有长达半年之久的冬眠期和一个短暂的夏眠阶段;加之出蛰前后还有一个只喝水不吃食的缓冲期,全年进食时间只有短暂的4~6个月,进食时间也不是每天一次,而是5~7天方才进食一次,并且进食量很少,这就是蛇价居高不下的主要原因。

从蛇类的性机能发育而言,蛇出生后1~3年性器官发育成熟,具有寻偶交配的要求和繁殖能力。但是具体到每种蛇个体发育成熟的早晚,又受种类、生存环境、性别等一系列因素的影响。通常情况下,雌蛇较雄蛇性成熟早,大型蛇比小型蛇成熟快,南方蛇比北方蛇要早。在我国南方,个别长势快、发育好的蛇,只需

13~18个月即可达到性成熟。

大部分毒蛇的生长发育要比无毒蛇慢,毒蛇达到性成熟至少要2年;一些长势较快的无毒蛇只需1年多即达到性成熟。人工养殖的毒蛇则需经过2~3年,才能达到发育成熟。蛇毒是毒蛇的消化物质,起促进消化的作用,无节制地频繁采毒,必会导致其食欲不振、消化不良,严重的还会引发口腔炎,使蛇类正常的捕食、吞咽受阻,直接影响其生长发育。从某种意义上讲,人工养殖的毒蛇更是远远落后于无毒蛇,不如其长势快、发育好。

2. 蛇类的蜕皮

伴随着生长,因其原来的表皮已包覆不了日益增大的躯体,表皮便会老化成角质膜,在激素作用的控制下,以蜕皮的形式蜕下来,于是就出现了蜕皮现象。新表皮早在角质膜还未脱离蛇体时便已形成。蛇蜕下来的皮叫"蛇蜕",中医上称之为"龙衣",是上好的纯天然动物药材。

蛇类蜕皮时,身体呈半僵状态,先从吻端(唇部)把上、下颌的表皮磨破一处裂缝,然后从头至尾逐渐向后翻蜕,直至从新表皮的末端完全蜕出一条完整的长躯壳。蛇类在蜕皮时,大多借助于粗糙的地面、树干、建筑物或蛇窝的拐角处、砖石瓦块的不断摩擦而进行。健康蛇蜕皮时间是很短暂的,关键是磨开唇部的那层表皮。若唇部表皮磨破顺利的话,后面的蜕皮动作只需几分钟即可,个别的还不足1分钟,只需经过一处障碍物便会完全蜕下来。在每年的春季,特别是北方省(区),由于天气干旱,要格外注意。其次是处在孕期的孕蛇,因其身体后部明显变粗膨大,正常的蜕皮至此部位便会严重受阻,继而出现蜕皮难现象。此季应经常进入蛇场,及时观察孕蛇的蜕皮情况,一旦发现蜕皮受阻,应人工帮助蜕皮,尽量减少由蜕皮不畅引发的蛇类死亡损失。不健康的蛇蜕皮就慢多了,有时需要耗费几个小时,甚至几天才会蜕脱下来,且蜕皮也不是很完整,并且是间断性地往下蜕,多呈碎片状。蜕皮的完整与破损程度,也是检验蛇类健康与否的一个重要标志。

养殖状态下蛇类在出蛰后和入蛰前都有一次集中蜕皮,其余时间依据身体状况行间断性蜕皮。

成年蛇类一般每年蜕皮 3 次左右,少数达到 4 次;幼年的蛇类生长速度快,蜕皮的次数较多,一般仔蛇和幼蛇每年可蜕皮 4~5 次或更多,平均 32~45 天蜕皮一次;冬季蛇类既不进食也不蜕皮。影响蛇类蜕皮次数的因素很多,食物丰富时,其生长速度较快,蜕皮次数也多。另外,蛇类栖息处的湿度及环境与蛇类蜕皮也有密切关系。

总之,蛇类蜕皮与生长是成正比的。

3. 蛇类的繁殖

蛇类是雌雄异体行体内受精,繁殖分为卵生或卵胎生。蛇的雌雄两性在外部形态上区别不是很明显。雌蛇的体内有卵巢、输卵管,输卵管上端连于卵巢,下端开口于泄殖腔。雄蛇有成对的交接器(半阴茎)位于泄殖腔两侧,平时缩在泄殖腔内,在交配时突出泄殖腔外插入雌蛇体内输送精子,使雌蛇体内成熟的卵受精,成为受精卵。有的雌蛇输卵管后端还具有"子宫"的作用存留受精卵,等胚胞发育成幼蛇后再生产下来,称为卵胎生。一般生活于高原地区或水中的蛇,其繁殖方式多为卵胎生。

雄蛇虽然有两个交接器,但每次交配只能使用一个,另一个留作下次交配时再用。因此一条雄蛇可以与几条、甚至多达 40 条雌蛇进行交配。但通常在人工饲养条件下,雌雄蛇的比例应在 10∶1 或 10∶2 左右比较适宜。另外,雌蛇输卵管有贮存雄蛇精子的功能,雌蛇一旦与雄蛇交配后,即使几年未与雄蛇交配,也可以连续产下受精卵。据有关资料报道,实验室的雌雄一经交配后,便分别隔离喂养,雌蛇能连续 4~6 年产下受精卵,但在人工孵化的过程中,发现有部分未受精卵,从而使孵化出壳率有所下降。孵化出的幼蛇吃食、生长均很正常。据观察,一条雌蛇一经交配后,便不再与其他雄蛇交配。所以,在人工养殖的条件下,应尽量减少雄蛇的数量。蛇的生殖情况见表 1-1。

表 1-1　蛇类生殖情况一览表

种　类	生殖方式	交配期(月)	产卵或仔期(月)	产卵或仔量(条)
乌梢蛇	卵生	3～5	6～7	8～19
灰鼠蛇	卵生	4～6	6～7	6～16
百花锦蛇	卵生	8～9	5～7	5～17
王锦蛇	卵生	5～6	7～8	8～23
黑眉锦蛇	卵生	5～6	7～8	7～25
赤链蛇	卵生	8～9	6～7	8～15
虎斑游蛇	卵生	3～6	7～8	6～14
中华水蛇	卵胎生	3～9	8～9	3～13
铅色水蛇	卵胎生	3～9	5～8	2～19
银环蛇	孵生	8～10	5～8	3～20
金环蛇	卵生	5～6	6～7	8～12
眼镜蛇	卵生	4～6	6～8	6～19
眼镜王蛇	卵生	3～5	6～8	20～39
南斑蟒	卵生	5～7	5～7	8～32
沙蟒	卵生	6～7	7～8	12～40
五步蛇	卵生	3～5	6～9	6～29
竹叶青	卵胎生	4～10	7～8	3～15
烙铁头	卵生	3～11	7～8	4～8
蝮蛇	卵胎生	5～10	8～10	2～17
高原蝮	卵胎生	6～11	8～9	5～7
蝰蛇	卵胎生	4～11	6～7	30～63
草原蝰	卵胎生	3～4	8～9	3～17
极北蝰	卵胎生	3～4	8～10	6～20

续表

种　类	生殖方式	交配期(月)	产卵或仔期(月)	产卵或仔量(条)
青环海蛇	卵胎生	7～8	10	3～15
小头海蛇	卵胎生	7～8	10	1～6

蛇类的嗅觉在逐偶过程中起重要作用。在蛇的交配季节,雌蛇的皮肤和尾基嗅腺能分泌出一种特有的强烈气味,雄蛇可跟踪气味找到雌蛇进行交配。春天蛇出蛰后,雌雄蛇往往就在冬眠场所附近进行交配,然后才分开各自寻食。各种蛇类在交配期间情绪格外暴躁、凶猛,对外来的惊扰会给予猛烈的攻击,在这期间饲养人员应尽量减少对它们的惊扰。

蛇类的产卵或产仔量一般由种类、年龄、身体大小决定。大多情况下,较大型的蛇产卵或产仔多于小型种类的蛇;健康、体大的青年蛇明显多于不健康、体型小的年老或年幼的蛇。雌蛇大多为多产,它们一般产卵或产仔十几枚(条)左右,产卵最多的是蟒蛇,一次多达 100 枚以上;产卵最少的是盲蛇,每次只产 2 枚。少数蛇类有护卵、孵卵的习性,如五步蛇、眼镜王蛇等。这类蛇产完卵后就伏于卵上,自此以后除离巢饮水外,一直待到幼蛇孵出为止。而绝大多数蛇类则把卵产于它认为合适的地方便离去,任由蛇卵自然孵化出幼蛇。

七、蛇类的寿命

不同蛇类的寿命各不相同,主要与种类或生活条件有关。一般情况下,小型蛇类的寿命在 2～5 年,中型蛇类在 5～12 年,大型蛇类在 10～20 年,蟒蛇可活到 30～40 年,甚至更长。但蛇类在野生状态下,由于栖居环境不稳定,食物有时短缺,加之天敌和疾病的严重危害,其寿命不如人工养殖条件下长。

因毒蛇的生长发育均慢于无毒蛇,故毒蛇比无毒蛇的寿命长

(蟒蛇除外)。如无毒蛇中的乌梢蛇,虽然体较肥大,但其寿命只有蝮蛇的一半。人工养殖条件下的蝮蛇寿命7~12年,最高记录超过15年。再如体长、个大的滑鼠蛇和灰鼠蛇,其寿命比竹叶青要短得多。

第3节 人工养殖的主要蛇种

目前完全适合人工养殖的蛇类还不是太多,只有20多个品种,其中既有毒蛇,也有无毒蛇。毒蛇约占1/3,如眼镜蛇、眼镜王蛇、金环蛇、银环蛇、五步蛇(尖吻蝮)、蝮蛇、海蛇等。无毒蛇的可择性比较大,约占2/3,如王锦蛇、黑眉锦蛇、棕黑锦蛇、乌梢蛇、灰鼠蛇、三索锦蛇、百花锦蛇、玉斑锦蛇、黄脊游蛇和蟒蛇等。但蟒蛇被列入国家一类重点保护的野生动物,目前只限于有保护能力的科研单位、动物园及有条件的大型养殖厂养殖,普通农户暂时还不能养殖蟒蛇。

识别有毒蛇和无毒蛇单凭头部是否呈三角形或者尾巴是否粗短,或者颜色是否鲜艳来区分,是不够全面的。虽然蝮亚科、蜂亚科的毒蛇头部的确呈明显的三角形,但海蛇科及眼镜科的毒蛇,头部并不呈三角形;而无毒蛇中的伪蝮蛇头部却呈三角形。五步蛇、蝮蛇和眼镜蛇的尾巴确实很粗大,但烙铁头的尾巴就较细长;很多色泽鲜艳的蛇,如玉斑锦蛇、火赤链蛇等并非毒蛇,而蝮蛇的色泽如泥土或似狗屎样,很不引人注意,却是毒蛇。区别有毒和无毒蛇主要根据以下几点:

(1)毒牙:毒蛇具有毒牙,它位于上颌骨无毒牙的前方或后方,比无毒牙长而大。

(2)毒腺:毒蛇具有毒腺,无毒蛇不具有毒腺。毒腺是由唾液腺演化而来,位于头部两侧、眼的后方,包藏于颌肌肉中,能分泌出毒液。当毒蛇咬物时,包绕着毒腺的肌肉收缩,毒液即经毒液管和毒牙的管或沟,注入被咬对象的身体内使之发生中毒,无毒蛇无这一功能。

(3)毒液管:毒液管是输送毒液的管道,连接在毒腺与毒牙之间。只有毒蛇才具备有毒液管。

一、毒蛇类

1. 眼镜蛇

眼镜蛇(图1-1)俗称扁颈蛇、饭铲头、吹风蛇等,为混合毒型毒蛇。国内分布于安徽、广东、广西、浙江、福建、湖南、湖北、台湾、贵州、云南、四川、海南、江西等省(区)。

图1-1 眼镜蛇

眼镜蛇成蛇全长1~2米,最长者可达2米以上。头部椭圆形,全身背面黑色或黑褐色,体及尾背常有均匀相间的黄白色细横纹,幼蛇尤为明显,头腹及体前腹面黄白色,颈腹有一黑色宽横纹,在其前方两侧各有一黑色点斑,体中段之后的腹面逐渐呈灰褐色或黑褐色。当被激怒或受惊吓时,前半身竖起,颈部扁平膨大(因颈部有一对白色眼镜状环状纹显露而得名眼镜蛇),并发出"呼呼"声音,有时甚至喷出毒液。常栖息于平原、丘陵、山区的灌木丛或竹林中、山坡坟堆、山脚水旁、溪水鱼塘边、稻田、公路和住宅附近。眼镜蛇食性很广,能吃蛇类、鱼类和蛙类,也食鸟及鸟蛋、蜥蜴等。夏季暴雨后常爬进住宅觅食鼠类,由此造成的伤害较多。眼镜蛇属昼行性蛇类,主要在白天外出活动。该蛇对高温耐受性较强,喜晒太阳,常发现它在35～38.5℃的阳光下长时间不避开;但对低温的耐受性较差,冬天低于9℃容易造成死亡。卵生,5～6月交配,6～8月产卵,每产7～19枚,孵化期50天左右。

2. 眼镜王蛇

眼镜王蛇(图1-2)俗称大扁颈蛇、大眼镜蛇、过山风等,是世界上最大型的剧毒蛇。分布于浙江、江西、福建、广西、广东、台湾、贵州、云南、海南、西藏、四川等省(区)。

图1-2 眼镜王蛇

眼镜王蛇成蛇全长一般1.5～4米,最长可达6米,形态与眼镜蛇相似。顶鳞之后有一对大枕鳞,这是最明显的特征。颈部膨扁时不呈眼镜状斑纹,而是"∧"形的白色斑。背面黑褐色或黄褐色,头和体前端腹面土黄色,体后段灰褐色,具黑色线状斑纹。幼体色斑不一样,头背有4条浅色横纹,分别在吻部、眼的前后及头后。体背黑色,具有窄的褐色横斑。该蛇与眼镜蛇同具一特性,受惊动时颈部膨大呈扁平状,并竖起前 1/3 身体略向后仰,头平直向前,并出发"呼呼"声向目的物冲击。有时可喷射毒液,可达 4~5 米远,应加以注意。常生活于平原至海拔 1000~2000 米的高山密林中,善攀爬树木,前半身悬空下垂或昂起,后半身缠绕在树枝上,有时在水边或桥旁出现,或隐藏在岩缝和树洞内。眼镜王蛇属昼行性蛇类,性凶狠,有追捕人畜的习性。此蛇食性较单一,主食蛇类和蜥蜴类,也吃鸟类及鼠类。卵生,每产 21~40 枚,多者达 50 枚。雌蛇有护卵习性,有时雄蛇也参与护卵。

3. 金环蛇

金环蛇(图 1-3)俗称黄金甲、铁包金、金脚带,是与银环蛇类似的剧毒蛇。分布于广东、广西、江西、云南、福建、海南等省(区)。

图 1-3 金环蛇

金环蛇成蛇体躯粗大,一般长 1~1.6 米。头椭圆形,略大于颈部,通身有黑黄相间的环纹,黑环与黄环接近等宽,宽大的环纹围绕背腹面一周。背脊显著隆起,背正中一行鳞片扩大呈六角形。尾较短,末端钝圆。背鳞通身 15 行有别于其他无毒蛇。金环蛇主要栖息于湿热地带的平原丘陵、山地的丛林中,近水域的塘边、溪沟边或山坡岩洞内和住宅附近。系夜行性蛇类,黄昏后出洞捕食其他蛇类,偶尔吃蛇卵、鱼、蛙、鼠类等。白天多不活动,常盘蜷着身体把头钻在身下。此蛇怕见光线,不主动攻击人畜,性温顺,故少见有蛇伤病例,但幼蛇较凶猛、活跃。卵生,每产8~12枚,多产于落叶堆或洞穴内,雌蛇有护卵习性。

4. 银环蛇

银环蛇(图1-4)俗称寸白蛇、竹节蛇、金钱白花蛇、银包铁等,是当前人工养殖的主要蛇种。其主要产品为7日龄的幼蛇,经过加工之后入药,生产周期短,经济效益高。分布于广东、广西、江西、湖南、福建、浙江、贵州、云南、四川、安徽、湖北、海南等省(区)。

图1-4　银环蛇

银环蛇成蛇体长达1米以上,头椭圆形,略大于颈部,吻端钝圆,眼较小。体背黑白横纹相间,白横纹较黑横纹细窄,腹面白色。背鳞平滑,背中央一行鳞片扩大,呈六角形。肛鳞整齐,尾下鳞单行。尾较长,尾端较尖细。这些特征可与其他具有黑白相间环纹的蛇相区别。多栖息于平原及丘陵地带多水之处。在稀疏树木或小草丛的低矮山坡、坟堆附近、山脚、路旁、田埂、河沿鱼塘旁边、倒塌较久的土房子下、石堆下面、山区住宅附近或菜园以及墙角根都曾发现。系夜行性蛇类,尤以上半夜活动更为频繁,深夜或黎明前才返回洞内。秋末中午和闷热天阵雨后的白天也外出捕食活动。生活环境的最佳温度为26~30℃,11月中旬开始冬眠,翌年4月底5月初才出蛰,爱群聚越冬。5~8月产卵,产卵数一般5~15枚,多者达20枚,生长3年后达到性成熟。食性广,以鱼、蛙、蜥蜴、蛇类及鼠类为食,尤好食泥鳅和鳝鱼。该蛇性怯,但行动敏感,人稍惊动,会采取袭击动作,并易张口咬人。

5. 蝮蛇

蝮蛇(图1-5)俗称土球子、七寸子、地扁蛇等。我国主要有白眉蝮短尾亚种和白眉蝮乌苏里亚种。短尾亚种分布于河北、江苏、安徽、浙江、江西、福建、台湾、湖北、四川、贵州、辽宁(南部)、陕西(秦岭以南)。乌苏里亚种国内分布于辽宁、吉林、黑龙江、内蒙古、山东、河北等省(区)。

图1-5 蝮蛇

蝮蛇短粗,全长仅60~70厘米,雄蛇最长不超过90厘米。头部略呈三角形,有颊窝,吻鳞明显,鼻间鳞宽,外侧缘尖细,背鳞明显。体背面灰褐色或赤褐色,头背有一行深色八字形斑,个别出现一条红棕色脊线,腹面灰黑色,具有众多不规则的小黑斑点。两亚种尾部有明显的差异:短尾亚种尾下鳞数目较少,尾后段焦黄色无斑,尾尖常为黑色;而乌苏里亚种尾下鳞数目较多,尾部与体部包斑相似。蝮蛇分布很广,南北各省(区)都有其踪迹。多栖息于平原和丘陵地带的坟堆草丛、荒野及田间小路旁、乱石堆或沟边坎沿、近水的住宅附近。系晨昏性蛇类,在热天尤以晚上8时到次日凌晨活动最为频繁。它的食性很杂,以鱼、蛙、鼠、蛇、蜥蜴、鸟为食。幼蛇吃蚰蜒、蚂蚁、泽蛙及其他昆虫。在南方,短尾亚种的冬眠期从10月底开始,到12月上旬基本入蛰,至翌年3月之后陆续出蛰。在北方,乌苏里亚种10月上旬开始进入冬眠,至翌年5月中旬出蛰。卵胎生,8月中下旬至9月上中旬产仔,每产2~20条。

6. 尖吻蝮

尖吻蝮(图1-6)俗称蕲蛇、五步蛇、翘鼻蛇等。此蛇为我国特有的名蛇,以湖北蕲州产的最为名贵,在安徽、浙江、江西、福建、台湾、湖南、广东、广西、贵州、四川等省(区)均有分布。

图1-6 尖吻蝮

尖吻蝮体形较大,成蛇体长可达1~2米,有的在2米以上。头呈大三角形,吻端尖而向前上方翘起。背鳞起强棱,并且有鳞孔,头背棕黑色或棕褐色,头侧自吻鳞经眼至口角上唇鳞以上为棕黑色,以下黄白色。由于头侧上半部沿眼睛水平以上色深,不易看清眼球,人们经常误以为其处于闭眼状态。头腹及喉部为白色,散有少数黑褐色斑点。体背面深棕色或黄褐色,顶端在背中线相连,具有15~20块灰白色方形大斑,实际上是体两侧具有深色三角形斑。有的三角形顶尖相互错开,形成不完整的浅色方块。腹面灰白色,两侧有两行近圆形的黑褐色块斑,并有不规则的小斑点。尾背也有灰白色方块斑2~5个,其余为黑褐色。尾下鳞单行或成对的兼有。尾短细,尾尖成角质刺,俗称"佛指甲",但尾尖无毒。生活于海拔100~1300米山区或丘陵地带,但以海拔300~800米山谷溪涧附近岩石、落叶间或草丛中居多。在瀑布下的岩缝中、路边杂草、茶园、玉米地及稻田间均有出现,有时还爬入山区住宅内。洞穴多在山区森林的树根旁。系广食性蛇类,以蛙、鼠、鸟、蜥蜴等为食,有明显的食蛇习性。尖吻蝮属晨昏性蛇类,早晚活动为主,对湿度要求高,晚上及阴雨天活动较频繁。卵生,8~9月产卵,产卵数在11~29枚,雌蛇有护卵习性,孵化期26~30天。出壳一周后的幼蛇便能分泌一定的毒液,且会本能地冲击扑咬。

7. 烙铁头

烙铁头(图1-7)俗称老鼠蛇、恶乌子、烂葛藤等。分布于安徽、江西、福建、台湾、浙江、河南、湖南、广东、广西、甘肃、四川、贵州、陕西、海南等省(区)。

图1-7　烙铁头

烙铁头成蛇体长0.7~1米,最长者可达1.3米。头部呈长三角,颈部较细,形似烙铁,故名烙铁头。体形细长,头背具有细鳞,呈棕褐色,有近"∧"形的深褐色斑,眼后到颈侧有一暗褐色纵纹,上下唇色较浅,头部腹面灰白色。体背棕褐色,在背中线两侧有并列的暗褐色斑纹,左右相连而成波状纵纹,在波状纵纹两侧有不规则的小斑块。腹面浅褐色,每一腹鳞有1~3块近方形或近圆形的小斑。尾纤细,末端更加细长。生活于海拔200米以上的丘陵和山区,多栖息在溪边的灌木丛中,竹林及住宅附近的柴草堆或乱石堆下都有发现,曾有随柴草进入城镇或渔船的事例。极善攀爬上树,尾具有较强的缠绕性。烙铁头属于夜行性蛇类,多在夜间捕食活动,尤其在半夜至下半夜活动频繁。此蛇最适宜的温度为23~32℃,一年之中活动的高峰为6~8月份。捕食蜥蜴、蛙、鼠、鸟等,尤以食鼠为主。卵生,多在7~8月产卵,每产5~13枚。

8. 竹叶青

竹叶青(图1-8)俗称青竹蛇、青竹丝蛇、青竹标等。分布于江苏、安徽、浙江、江西、福建、广东、广西、湖南、四川、贵州、云南、海南等省(区)。

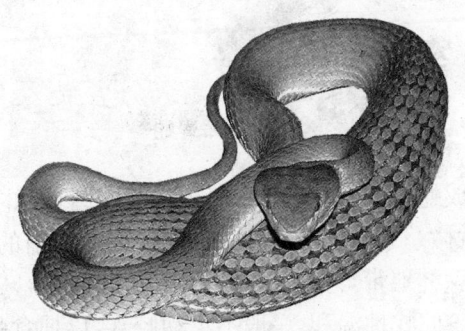

图1-8 竹叶青

竹叶青成蛇体长0.5~1米。头部长三角形,头背具细鳞,眼睛红色,其背面和两侧都是鲜绿色,腹面为浅绿色,体侧各有一条黄色、白色或红白两色的纵线纹,尾背和尾端均为焦红色,尾巴较细短。常生活于海拔150~200米的山区溪边及草丛中,山区的竹林、稻田及山区住宅的瓜棚杂草中常有发现。其体色与绿叶一致,不易被发现。洞穴多在山区森林中,利用树洞或竹筒作为越冬的场所。竹叶青系晨昏性蛇类,多于早晨或夜间活动。食性以鼠为主,也食蛙、鸟、蜥蜴、蝌蚪等。卵胎生,7～8月产仔,每产3～15条。

9. 翠青蛇

翠青蛇(图1-9)俗称小青龙、青蛇、绿翠蛇、藤条蛇等。主要分布于广东、广西、江苏、安徽、浙江、江西、福建、海南、台湾、河南、湖北、湖南、甘肃、贵州、云南、四川等省(区)。

图1-9 翠青蛇

翠青蛇成蛇体长0.8～1.2米。头呈椭圆形,体背鲜绿无杂色,腹面淡黄微呈绿色,尾细长。体色接近毒蛇中的竹叶青。栖息于山区的森林地带,好躲于杂草茂密之处,在山区的坟群周围也多有发现。此蛇性温和,一般不主动咬人,以捕食蚯蚓、蛙类及小昆虫为食。卵生,每产5～12枚。

10. 虎斑游蛇

虎斑游蛇(图1-10)俗名野鸡脖子、红颈蛇、雉鸡斑等。属广分布蛇种,主要分布于河北、山西、内蒙古、黑龙江、吉林、辽宁、山东、江苏、安徽、江西、福建、河南、湖北、湖南、广西、陕西、宁夏、甘肃、四川、贵州、西藏、台湾等省(区)。

虎斑游蛇属后沟牙类毒蛇,其毒液的毒素属于血循毒。体长

图 1-10 虎斑游蛇

近1米,最长者1.5米以上。头为不明显三角形,口吐黑信,并且黑信的外端又向左右分为两叉。体背暗绿色,故有"竹竿青"之名。颈背有明显的颈槽,能分泌灰白色的分泌物,根据这一特征,又名为"虎斑颈槽蛇"。颈槽分泌的液体有毒性,在野外捕捉时要特别注意保护眼睛及裸露受伤处。体前段杂有橘红色的横斑纹,到体中间逐渐消失,体后段只有散状的荧光黑斑点,腹面为黄绿色并呈淡黑状,实则绿色较浅,尾细长。生活于平原、丘陵或山区,多栖息在多草的田园及水边的草丛中、乱石堆下,东北三省多次于铁路基石附近发现。它白天活动,行动敏捷,受惊吓或性起发怒时横扁颈部及体前部做攻击姿态,颈部的红黑斑纹更加明显,如雄鸡的头颈部。以青蛙、林蛙、蟾蜍、蝌蚪为食,偶尔也吃鼠类和鱼类。卵生,6~8月产卵,每产10~37枚,孵化期40~50天。东北地区常用它泡制"参蛇酒"。

11. 中华水蛇

中华水蛇(图1-11)俗称水长虫、泥蛇、水蛇、鱼蛇等。分布于江苏、安徽、广东、广西、浙江、江西、湖北、山东、台湾、海南、福建、河南、河北等省(区)。

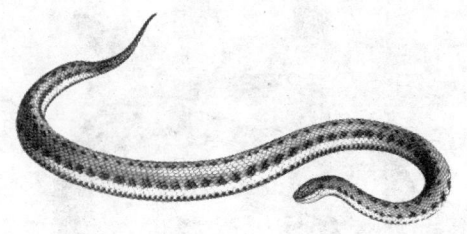

图1-11 中华水蛇

中华水蛇成蛇体长不超过1米,一般约0.5~0.7米,为后沟牙毒蛇类,毒轻微,对人畜有一定的危害。此蛇整体的体色为草黄绿色,有的呈土黄色,体背面中间有一条纵行横斑纹至尾,且两侧双排纵行排列成大小相同的小黑点,腹面黄色,每一腹鳞的前缘有黑斑且黑色素较浓,呈灰黑色,尾短细。中华水蛇属水栖蛇类,多栖息于稻田、沟塘、池坝、库区的水域中。中华水蛇属昼行性蛇类,白天爱爬上岸或在水中的浮游物上盘缠着晒太阳,喜群居群游且爱争食咬斗。中华水蛇较灵活,被捕捉时反击咬人迅速,喜食泥鳅、鱼类、蛙类等。卵胎生,8~9月产仔,每产4~12条,多者达15条。此蛇多用作取胆或做蛇饵。

12. 铅色水蛇

铅色水蛇(图1-12)俗称水泡蛇、水蛇、黑鱼蛇、铅蛇、河蛇等。分布于云南、江苏、江西、浙江、福建、海南、台湾、广东、广西等省(区)。

图1-12 铅色水蛇

铅色水蛇成蛇体长不足半米,最大者可达1.2米。此蛇系后沟牙类毒蛇,具轻毒,对人畜有一定危害。体多呈铅色并有光泽,有时也呈橄榄色。头椭圆,眼呈水泡状,鼻孔朝上。腹面两侧为白色腹鳞,略带黑色,中间有小黑点,尾钝短。铅色水蛇为水栖蛇类,常栖息于水田及近水的地方。主要在黄昏或夜晚活动,主食泥鳅、鳝鱼,也食鱼类和蛙类。卵胎生,每年的6～8月产仔,每次产仔蛇3～19条。人工养此蛇主要做蛇饵和取胆用。

13. 青环海蛇

青环海蛇(图1-13)俗称海长虫、海青蛇、海蛇、斑海蛇。分布在广东、广西、福建(区)。

图1-13 青环海蛇

青环海蛇成蛇全长0.5～1米。头部较大,略呈三角形,与颈部有明显区别,体粗圆,头背具有三块圆斑,体背棕灰色,体背也具纵行大圆斑,背脊一行圆斑与两侧交错排列,圆斑中央紫褐色,四周黑色,镶以黄白色边,腹面灰白色,具有3～5行近于半月形的深棕色斑,尾短细。生活在平原、丘陵和山区。常栖息在开阔的田野中,茂密的林区极少发现,秋收时多见于稻田,喜躲在通风凉爽或较阴暗的地方,有的地方常见此蛇躲在龙舌兰和仙人掌下盘蜷成团。它行动迟缓,受惊时常发出"呼呼"声,能持续数分钟乃至半小时,身体不断地膨缩。袭击时,躯干前部先向后屈,之后猛离地面直向目标,并有咬住不放的习性。幼蛇更为凶猛。主要以蛇类、鼠类、蜥蜴和鸟为食,有时可进入住宅觅食鼠类。卵胎生,多产,6~7月产仔,一般产30~40条,多者可达63条。

二、无毒蛇类

1. 赤链蛇

赤链蛇(图1-14)俗称火赤链、红百节蛇、红斑蛇等。国内除宁夏、甘肃、青海、新疆、西藏外,其他各省(区)均有分布,属广布性蛇类。

图1-14 赤链蛇

赤链蛇是后沟牙类毒蛇,该蛇毒液含以血循毒为主的混合毒素,但咬伤症状较弱,到目前为止还没有人员伤亡的具体报道。成蛇体长可达1~1.8米。头较宽扁呈明显三角形,头部黑色,头部鳞缘呈红色,体背均匀布满红黑相间的规则横纹,体两侧为散状黑斑纹,腹鳞外侧有黑褐斑,尾较短细。大多生活于田野、河边、丘陵及近水地带,并常出现于住宅周围,在村民住院内常发现。以树洞、坟洞、地洞或石堆、瓦片下为窝,野外废弃的土窑及附近多有发现。赤链蛇属夜行性蛇类,多在傍晚出没,晚10点以后活动频繁。白天蜷缩不动,将头部深深埋于体下,性懒不爱动,不主动攻击,爬行缓慢。赤链蛇以蟾蜍、蜥蜴、鱼类、鸡雏为食。卵生,7～8月产卵,每产7～15枚。赤链蛇是广泛用于泡药酒的主要原料之一。东三省泡制的"参蛇酒"便是此蛇,治疗风湿效果极佳,蛇胆可入药。

2. 王锦蛇

王锦蛇(图1-15)俗称棱锦蛇、松花蛇、王字头、菜花蛇、麻蛇、棱鳞锦蛇、王蛇、黄蟒蛇等。在广东、广西、江西、浙江、江苏、安徽、福建、台湾、云南、四川、贵州、陕西、湖南、湖北、河南等省(区)均有分布。

图1-15 王锦蛇

王锦蛇成蛇体长2米以上,最长者近3米,体重大者达5千克以上。头椭圆形,头鳞为黄色,四周呈黑色。头部从前面看起来有个呈"王"字型的黑色花斑,故有"王蛇"之称。因其体型较大,长势较快,被誉为无毒蛇中的"蛇王"。体背颜色为黄底黑边,身体前半部有明显的黄色斑纹,至体后部逐渐消失,只在鳞片中央有黄点斑纹,似油菜花的瓣。腹面色黄并具黑斑,尾细长。一般生活在山地、平原及丘陵地区,活动于河边、水塘边、田地头或干河沟内,亦偶尔可在树上发现它们的踪迹。此蛇行动迅速,性较凶猛,敢与眼镜蛇争食吃。饥饿缺食时甚至吞食自己的幼蛇。王锦蛇为广食性蛇类,以蛙、鼠、蜥蜴、蛇类、鸟类为食,也吃鸟蛋。在人工养殖状况下,吃鸡蛋或鹌鹑蛋。卵生,7~8月产卵,每产8~14枚,卵较大为长圆形。据观察,王锦蛇产卵后盘伏在卵上,似有护卵行为。王锦蛇肛腺能发出一种奇臭,故有"臭黄颔"之称。此蛇的幼蛇色斑与成蛇体差别很大,幼蛇头部无"王"字形斑纹,往往使人误以为是其他蛇类。

3. 百花锦蛇

百花锦蛇(图1-16)俗称白花蛇、百花蛇、菊花蛇或花蛇等。为广西、广东一带的大型特产蛇,中药中的百花蛇干即为此蛇的干品。

图1-16 百花锦蛇

百花锦蛇成蛇体长一般在1.6~2米以上。头椭圆形,头背赭红色,唇部灰色,体背灰绿色,背中央有30余块大的近于六角形的深灰色斑纹,斑纹边缘呈黑色,在斑纹之间及体侧有一样大小的小斑点纹。腹面白色或黄白色,使整体略呈白花状,故有"白花蛇或花蛇"之称。颈下方及体部、尾部下方为黑白相间的方格花纹,尾呈淡红色,并有黑色斑纹十多个。多生活在海拔50~300

米的石山脚下、岩石缝中,有时在水沟或小河边的乱石草中有发现,甚至在山区住宅内也见其踪迹。此蛇昼夜均较活跃,但以晚8~10点最为活跃。卵生,7~8月产卵,每次产卵6~14枚。百花锦蛇嗜食鼠类,也食昆虫、蜥蜴、鸟类和蛙类。胆有祛风湿、除痰之功效,主治咳嗽、风湿病等证。蛇油有清热解毒、消肿止痛之功能,可治疗烫伤、冻伤等。蛇蜕具有杀虫等功效,可治疗疥疮等,是重要的经济蛇类。

4. 三索锦蛇

三索锦蛇(图1-17)又称为三索线蛇。分布在云南、贵州、福建、广东和广西。

图1-17 三索锦蛇

三索锦蛇成蛇体长160厘米左右,体重可达400克左右。生活在平原、丘陵、山地河谷地带,多见于土坡、田边和路边。三索锦蛇在受到惊扰激怒时,常侧扁颈部,身体前部呈"S"作攻击姿态。三索锦蛇头背部棕黄色或灰棕色,眼后及眼下共有3条放射状黑线状,枕部有一黑横纹,体前部两侧各有3条黑纵纹,靠背中央的一条最粗大。三索锦蛇卵生,一般在7月产卵,每次产卵4~8枚。三索锦蛇嗜食鼠类、鸟类、蜥蜴和蛙类等,有时也食蚯蚓。三索锦蛇肉味鲜美,是我国南方著名的食用蛇。其肉具有祛风除湿、舒筋活络的功效,主治风湿性关节痛、神经衰弱、消化不良等证。与眼镜蛇、金环蛇、银环蛇和百花锦蛇配伍,合称"五蛇",是五蛇酒的原料。

5. 玉斑锦蛇

玉斑锦蛇(图 1-18)俗称花锦蛇、玉带蛇、神皮花蛇、高砂蛇、锦蛇、花蛇。江苏、安徽、浙江、河北、陕西、甘肃、四川、云南、贵州、福建、台湾、西藏、湖南、湖北、广西、广东等省(区)均有分布。

图 1-18 玉斑锦蛇

玉斑锦蛇成蛇长 1~1.3 米。头椭圆形,头部有黑色斜纹 3~4 行,头部底色为姜黄色。体背灰色或紫灰色,个别也呈姜黄色,有菱形黑色大斑纹,边缘的中心为姜黄色,体侧有芝麻粒大小的紫红色斑点,腹面呈灰白色。在平原、丘陵、森林地带均有发现。此蛇性情温和,不主动攻击人。因其体色鲜艳美丽,常被人们误认为是毒蛇,实则无毒。以捕食蛙类和鼠类为主,亦捕食其他小型的哺乳动物。卵生,每产 2~9 枚。

6. 红点锦蛇

红点锦蛇(图 1-19)俗称鱼蛇、水蛇、红斑蛇。分布于山东、山西、河北、河南、辽宁、吉林、内蒙古、黑龙江、江苏、安徽、浙江、江西、福建、台湾、湖南、湖北、海南等省(区)。

红点锦蛇成虫体长不足 1 米,习性为半水生性,体重为 100~350 克。头部具有三条"∧"花纹,一般呈黑色,体背面呈淡红色,背中央有一条两行鳞片宽的橙黄色纵线纹。体侧各有暗褐斑纹连成的纵线纹两条,腹面缀满大小不一的黑褐色小方斑,个别的

图 1-19　红点锦蛇

也呈黄褐色。生活在近水的稻田、池塘、湖泊、河流和沼泽地附近，以食鱼类和蛙类为主。该蛇体小灵便，被捕捉时爱扑咬人。卵胎生，每年的 7～8 月产仔，每产 7～10 条，也有多达 10 条以上的，胆入药。养殖场养殖此蛇多用作其他蛇类的饲料。

7. 棕黑锦蛇

棕黑锦蛇(图 1-20)俗称黄药松、黄长虫、乌虫，是北方的一种较常见的无毒蛇。在山东、山西、黑龙江、陕西、吉林、辽宁、河北、河南等省分布较广；湖北、湖南也有分布。

图 1-20　棕黑锦蛇

棕黑锦蛇成蛇体长可达 1.3～2 米。头椭圆形，头背黑色，眼后有一斜下棕褐色的长条纹，上下唇鳞边缘具有黑斑。此蛇体色变化较大,有的成蛇体色较黑,有的体色呈棕黑色,在体后及尾部有黑黄相间的横纹,尾较细长。常栖息于平原、山区靠水边较近的山洞、树洞或坟洞中,以捕食鼠类为主,也吃鸟类及鸟蛋。卵生,6～7月产卵,每产8～25枚,最多者近30枚。

8. 黑眉锦蛇

黑眉锦蛇(图1-21)俗称家蛇、黄长虫、菜花蛇、三索线、广蛇等。分布于广东、广西、江苏、安徽、浙江、江西、福建、台湾、湖南、湖北、河南、四川、贵州、云南、陕西、西藏、甘肃、山西、河北、辽宁等省(区)。

图1-21 黑眉锦蛇

黑眉锦蛇成蛇体长为1.5～2.2米。头椭圆形,上下唇鳞、前后颏片及腹鳞的前部均呈黄色。眼后有明显的黑纹延伸至颈部,蛇名"黑眉"二字由此而得。体背草黄绿或土灰色,有横行的黑色梯状纹遍布,在体前部较为明显,到体后部变得逐渐不明显,直至彻底消失。从体中部开始,两侧有明显的黑色宽纵带型斑纹至尾尖。腹面呈灰白色或乳黄色,腹鳞两侧有灰黑色的纵型纹。尾长而细。栖息于丘陵、草地、田园地带,收稻时多见于稻田。此蛇善攀爬,常于住宅中的房梁或屋顶上捕鼠吃,故有"家蛇"之称,被人们誉为"捕鼠大王"。此蛇虽个头较大,但性情温和,不主动攻击人,只有受到惊扰时,才会竖起头颈部作攻击状。以食鼠为主,也吃鸟类、蛙类及鸡雏。卵生,7～8月产卵,每产7～15枚。

9. 灰鼠蛇

灰鼠蛇(图1-22)俗称黄肚龙、黄金条、黄梢蛇、过山龙等。属南方分布的无毒蛇类,在江西、福建、海南、广西、浙江、广东、台湾、湖南、云南、贵州等省(区)均有分布。

图1-22 灰鼠蛇

灰鼠蛇成蛇体长1.8～2米。头椭圆形,眼大,头及体背棕灰色,每片鳞片中间呈黑褐色,各鳞片的前后连缀着黑褐色的细纵斑纹。唇缘及腹部均呈淡黄色,腹鳞的两侧与体色基本相同,体后部及尾部鳞片呈黑褐色,并呈现细网状花纹。生活在海拔1000米以下的山区、丘陵和平原地带,常活动于河谷、农田、路边及河边的草丛中、灌木林下。也栖息于树上,能在树梢上爬行,有时盘卧在树枝上,故有"过树龙"之名。雨后常在近水处活动。此蛇昼夜均有活动,但夜晚多于白天。此蛇虽体大但性温,不主动咬人。据介绍,它在被捉住时,具有断尾逃逸的习性。卵生,每月5～6月产卵,每次产卵8～10枚。灰鼠蛇嗜食蛙类、蜥蜴、鸟类及鼠类,也食鸟卵。人工饲养条件下,常以鼠类作为食饵,每周投喂一次,平均每条次喂2～3只鼠。灰鼠蛇肉具有祛风除湿、舒筋活络的功效,主治风湿性关节炎、麻痹、瘫痪等。其去内脏后,为三蛇酒和五蛇酒的原料之一。其胆制成蛇胆酒、蛇胆陈皮、蛇胆川贝等中成药,具有消痰止咳作用。灰鼠蛇是我国重要的经济蛇类之一。

10. 滑鼠蛇

滑鼠蛇(图1-23)俗称水律蛇、草锦蛇、黄闰蛇等。主要分布在我国的西藏、四川、云南、贵州、湖北、安徽、江西、福建、台湾、广东和海南等省(区)。

图1-23 滑鼠蛇

滑鼠蛇是我国所产无毒蛇中较大者,成蛇体长均达2米以上,体重一般在1~2千克。头椭圆形,头背黑褐色,唇鳞淡灰色,后缘为黑色。腹鳞的前后段后缘和尾下鳞后缘为黑色,体背呈棕色,体后部有不规则的黑色横斑纹,到尾部则出现黑色的网状纹。生活在平原、山区及丘陵地带,白天常在近水的地方或杂草丛中活动。此蛇活动敏捷,性凶猛,喜张口咬人,当捕捉它时能迅速回头。喜食蟾蜍、蛙类、鼠类和鸟卵。卵生,每年的6~8月产卵,每产5~19枚。

11. 乌梢蛇

乌梢蛇(图1-24)俗称乌蛇、乌梢鞭、一溜黑、乌药蛇等,分布在我国的河北、河南、陕西、甘肃、四川、贵州、湖北、安徽、江苏、浙江、江西、湖南、福建、台湾、广东和广西等省(区)。

乌梢蛇成蛇长达2米以上,最长者可达2.5米左右,体重在0.5~2千克,是无毒蛇中的代表蛇种。头呈椭圆形,头背鳞片为龟背形状,体背青灰褐色或黄黑褐色,体背有两条黑线纵贯全身,但在成年蛇的体后背逐渐退化得不明显。体背后半部呈黑色,腹

图 1-24 乌梢蛇

面白色或灰黑色,尾特别细长。栖息在山区、平原及丘陵地带的田间地头、近水旁和草丛中,收稻季节多见于田间。该蛇食性较单一,爱吃蟾蜍和青蛙,有时也吃泥鳅。乌梢蛇属昼行性蛇类,活动较为敏捷,被惊扰或捕捉时能迅速竖起颈部,扭动身体并快速扑向被咬目标,一旦攻击不成掉头便逃且很灵敏,但一般不主动袭击人。卵生,每年7~8月产卵,每产6~19枚,多者达30枚。乌梢蛇有独特的食、药、保健疗效,传统中药乌蛇即为本蛇的干品。皮可用制高档的工艺品,蛇或蛇胆均可独立泡制"乌蛇酒"或"乌蛇胆酒"。此蛇长势快,适应性强,抗病力高,市场畅销,很适宜人工养殖。

第4节 蛇养殖的价值

众所周知,蛇具有较高的营养价值、药用价值和观赏价值。同时,蛇又是美容、抗衰老、医顽疾的美味食品和纯天然动物药材以及日用工业品和化妆品的原料。因此,对众多独特功能集一身的特种动物——蛇的需求量不断增加也是意料之中的事。另外,蛇以其投资小、无污染、无劳动强度、耐粗饲、季节性强、无疫病传播、饲养南北皆宜(北方有一定的选择性)、销路不愁等诸多优点，其饲养越来越受到人们的重视，并且各地的饲养数量与日俱增，饲养种类也在不断扩大，靠养蛇致富的人们也越来越多。

一、经济价值

蛇是爬行动物中数量最多的一个类群，过去人们以利用野生资源为主，但到了 20 世纪 80 年代，全国各地逐渐有了不同规模的养蛇business。销售活蛇和蛇制品的市场也由广东、广西一带辐射到全国各地，并且货源紧俏，市场价格看好。

目前，蛇人工繁殖成功的经验有许多资料报道，只要采取适宜的饲养方法，合理利用蛇类资源，广泛开展人工养殖，既有社会效益，又有生态效益，并且直接带来经济效益。所以，采用无公害人工饲养和繁殖蛇类，是开发利用蛇类资源的重要途径，有着非常广阔的发展前景。

二、药用价值

我国具有医药价值的蛇类，其皮、肉、血、胆、蛇毒等各具不同的药用价值。

蛇毒是目前国内外极为短缺的动物性药材，在国际市场上被誉为"液体黄金"，其价格比黄金贵几十倍，而且供不应求。

蛇蜕中药称"龙衣"，具有祛风、明目、解毒、杀虫等功效，常用于治疗各种顽固性疾病，如疥疮、肿毒和带状疱疹等。

蛇胆具有行气化痰、搜风祛湿、清肝明目、平胆熄风的功用，除可治疗急性和慢性支气管炎、百日咳等呼吸系统疾病外，还能治疗风湿痛、小儿惊风、老人中风等多种疾病。

我国南方有些地区群众素有饮鲜蛇血的习惯，除治疗关节痹痛和变形外，还有"升白"作用。

蛇内脏主要用于治疗肺结核,有些地区的群众也用蛇睾丸治疗梅毒病。

蛇油多用于治疗冻疮、烫伤、慢性湿疹等。

蛇干具有祛风解毒、镇静止痛的功能,能治疗风湿脾痛、四肢麻木、半身不遂等。

三、食用价值

蛇肉中含有丰富的蛋白质、脂肪、糖类、钙、磷、铁及维生素A、维生素B等。最近研究发现,蛇肉中还有一种能增加脑细胞活力的谷氨酸营养素以及能帮助消除疲劳的天门冬氨酸。蛇肉中还含有硫胺素、核黄素、铜、铁、锰、硒、钴等微量元素,其中铁和钴在补血、造血方面有着重要的生理作用。蛇肉中还含有丰富的天然牛黄酸,对促进婴幼儿的脑组织发育和智力发育有重要作用。因此,常吃蛇肉能增进健康、延年益寿。

我国虽有2000年的食蛇历史,但多在南方的某些农村或山村,而真正成为宴席上的佳肴不过百年,以广东为主。广东人吃蛇不但历史悠久,烹蛇技术亦堪称冠军。广州的大街小巷经营蛇餐的饭店或酒店很多。在蛇餐一条街上,其中最大的蛇餐馆据说每年用活蛇达30吨,约10万余条。广州蛇餐馆的蛇肴菜式有30多种,几乎无蛇不吃,而且一条蛇从蛇肉、蛇汤到蛇皮,都可以炒、炖、烩、煎、烹成美味佳肴,并且在用料和烹调上都很讲究,即注意补益强身的效果,又重视色、香、味、形,号称广东的"招牌菜"。

四、制作蛇工艺标本是养蛇增效的又一亮点

自古以来,特种动物工艺标本在少数民族地区和欧洲发达国家就甚为风行,是生活幸福、吉祥如意、美好祝愿、祛邪镇宅、美化居室的高雅华贵佳品,也是主人身份和地位的象征。

近年来,随着生活水平的提高,人们崇尚自然、追求自然、热爱自然、返朴归真的思想已成潮流。因此,有条件的养蛇场可大力开发观赏蛇类标本。加工蛇工艺标本具有投资少、见效快、利润高、技术简单、无风险、市场大等特点,值得投资开发。

第5节　蛇养殖的现状及前景

一、我国养蛇业的现状

目前,我国万条以上的养蛇场有数百个,主要分布于广东、广西、湖南、湖北、浙江、江西、云南、辽宁、吉林、黑龙江、山东、福建等省(区)。像广西的梧州、南宁,福建的武夷山,浙江的天台,江西的景德镇,辽宁的清原,吉林的磐石、集安、辉南,山东的青州,黑龙江的林口等地的蛇场较大。大部分搞的是模拟生态环境,把蛇类的养殖同园林绿化相结合。目前的养蛇方法虽较以前有了很大进步,但仍然属于"暂养"型,即人工创造一定的生活环境,把自然界中捕捉来的成蛇进行饲养,使其在新的环境中能够较长时间地生存下来。一些饲养条件较好的养殖单位,一条蛇从入场到死亡可以暂存2~3年,大部分在1~2年或更短时间内自然死亡或被利用。大多数养蛇场内饲养的蛇类,均存在食物供给不足的情况,致使所养的蛇长期没有光泽,蜕皮不顺,自身的抗病能力低,往往易患肺炎、肠炎及皮肤病。如救治不及时,会有大批死亡。我国有着较为丰富的"暂养"经验,再加上各地对蛇类的生态习性又进行了广泛研究,掌握了许多蛇类的生活规律,为进一步发展蛇类养殖打下了良好基础。随着现代科学的发展,蛇类的养殖事业会有广阔的发展前景。

二、养殖前景

据有关部门进行的一项调查数据显示,从1998年开始,我国各地的蛇市场销量呈逐年上升趋势,年递增率在10%以上,价格也随之逐年上涨,涨幅平均在15%左右。但市场仍有缺口,价格呈居高走势,且冬季尤为显著。

因蛇及蛇的加工产品用途极为广泛,国内外市场对蛇的需求量都很大。由于肉用蛇体大肉多,肉味美鲜嫩,有极高的营养和保健价值,是酒店和家宴上宴请宾客的美味佳肴。随着人们生活水平的不断提高和对蛇产品所特有的营养价值和药用价值认识的不断深入和普及,青睐蛇肉的消费者越来越多,从而拉动肉用蛇销量的大幅度上升。我国的各大城市蛇肉用量急剧上升,其中广州市场每月销量达600吨以上,香港市场月销量达100吨左右。供作药用的蛇干、蛇酒、蛇胆、蛇鞭、蛇皮、蛇蜕的需求量更是难以计数。

蛇及蛇产品不仅市场销售量大、销价高,而且销售渠道和方式方便,全国各省、市、自治区及当地外贸部门和医药公司、药材市场、中医诊所均常年收购,许多地方还设有私人收购点。只要有蛇和蛇产品(毒蛇除外)就不愁没有销路。

虽然我国的人工养蛇事业刚刚起步,却已辐射了全国各地,靠养殖蛇类致富,通过加工和经营蛇产品获取好效益的企业更是不胜枚举,发展人工养蛇事业确实是一项利国利民的好路子。

第6节 人工养蛇应注意的问题

从当前的趋势来看,经营蛇养殖的人越来越多,建场和投资的规模也越来越大,但许多农民和下岗职工求富心切,竟不顾当地所处的具体条件,盲目轻信商家推出的各类型养蛇培训班,相信他们所讲养蛇不分南北,可以"创造条件"一年四季均可引种饲养。殊不知这是少数别有用心的人在"炒蛇种"。他们挂着产品回收、免费培训的招牌,在租住屋(楼)大办养蛇培训班,然后高价卖蛇种,许诺随时现金回收活蛇及蛇产品,然而时隔不久即人去楼空,或借种种理由拒收,以此来诈取养蛇户的血汗钱。要想成功地养殖蛇,并获得盈利,在批量生产或投资建场之前,必须注意人工养蛇的相关问题。

一、应具备养蛇的条件

养蛇只限于郊区或农村,城市里不能养蛇,因城市噪音大,环境污染严重。另外,还需当地有较丰富的小动物资源,最好是靠近河边、库区、池塘、稻田,水利条件好的地方或者有自繁动物性饵料的条件。

二、投　资

应从自己的实际情况出发,根据个人的经济承受能力确定养殖规模。刚开始时养蛇规模一定要由小到大,品种应由少到多,这样在经验上有个积累的过程,从而避免损失。同时初建蛇场养蛇,场地投资也要量力而行,切忌贪大求全。

三、因地制宜建好蛇场

蛇类属于变温动物,它在生长的过程中要求有适当的温度和湿度。蛇类喜欢栖息在阴暗潮湿、通风多草、近水的环境里,不喜欢暴露在明亮或毫无遮掩的地方。在蛇的饲喂过程中,全国各地区均有越冬、越夏这两关。众所周知,蛇类有"冬眠"的习惯,也有

"夏眠"的习惯,以此来消极地度过炎热的盛夏。可是许多养蛇户没有注意到这一点,有的蛇场将蛇窝建在直接受到阳光暴晒的露天环境中,或是让蛇栖息在人工堆砌的假山内。这样,夏季蛇窝内的温度过高,而且蛇窝内通亮,让蛇缺乏安全感,从而影响正常的生长发育,蛇受不了持续的高温而导致厌食、掉膘、生病,严重的会造成死亡。要让蛇一年四季都生活在适宜的环境里,需要养蛇者根据当地的环境、气候,为蛇设计出仿自然、仿野生的生态蛇场,只有做到这点,才能获得良好的经济效益。

四、摸清销路

对于准备或刚开始经营蛇养殖的人来说,仅仅了解养殖对象的基本情况和养殖技术是远远不够的,还必须事先把产、供、销等各个环节的情况都摸清楚,然后通过综合分析,做出正确的决定。切忌一哄而起,盲目上马。

五、北方不必从南方蛇养起

多年来的养蛇经验表明,南蛇北养存在着不少问题,主要是地理差异和气候差异,其次才是食饵解决上的问题。初养者由于不懂养殖和管理技术,一下子购来南方蛇饲养,结果热死、冻死、饿死、病死的不少。

如果已养殖多年,确实掌握了养殖技术,可以有选择地购买南方蛇种进行养殖。但因路途较远,加之季节因素,远途运输极为不便,死亡率很高,从而使种蛇投资过大,再加上短时间内南方蛇不能适应本地环境,会造成体质急剧下降,增加发病率,出现天天都有病蛇死亡的现象。

蛇虽然有其共同习性,但不同的蛇种在养殖过程中,也有不同的特性,在饲养技术方面要区别对待。因此,建议初养蛇者不要盲目从南方购蛇养殖，尽量先从养本地蛇入手。待掌握一定的实践经验后，再从南方适当引进。引种时不要贪图便宜和省心，就地委托南方人收购山野蛇，那样做是很危险的，必须自己的人亲自过目才行。

六、不要从集市（蛇市）上买蛇养殖

有的养蛇户只图一时的省心和便宜，随便到当地或附近的集市（蛇市）购买自认为最好的蛇喂养，殊不知也买回来了许多隐患和不必要的烦恼。若要养好蛇，千万不要到那些地方随便购买山民和蛇贩手中的蛇。由于近几年蛇价一直呈上涨势头，个别贪图暴利的不法卖蛇人在出售前就已做了"手脚"，如注水、灌沙、填喂过量食物等。这样的蛇易给人一种肥胖、滋润、水灵的印象，但这种蛇活不了几天，更不用说用它作种养殖了。还有不少蛇贩以骗钱为目的，以假乱真，以次充好，以病代健，坑害外地购蛇者。因此，养蛇最好到正规的蛇场去引种，避免上当受骗。

七、养蛇不必从幼蛇养起

初次养蛇不必从幼蛇开始，因为幼蛇的饲养技术比成蛇要高，而且它在长势、吃食、抗病、适应新环境方面均不如青年蛇和成蛇。初养时最好以青年蛇为对象，这样不仅便于饲喂，而且养不久便可产卵或产仔。如遇市场蛇价高扬时，当年可适当地出售一部分，一来有利于回笼资金，二来可增加养蛇者的信心。同时，在养好青年蛇的过程中，便于积累养蛇的实践经验，对于今后繁殖、孵化幼蛇是十分有利的。

八、参观学习,掌握养殖技术

要想养好蛇,必须有一套过硬的养蛇、建场、治病的技术。建议养殖者多到当地有关部门已经注册并且养蛇多年、信誉较好的养蛇场学习、引种。

九、规模化养殖蛇类应办理合法手续

一切都计划好以后,应到所在地林业局的森保站,依法办理"野生动物驯养繁殖许可证"或"经营许可证"。因《野生动物保护法》明确规定,所有的蛇种均系保护对象,凡对某些蛇种进行驯养繁殖的,要取得林业主管部门的批准,合法开展养殖工作。然后,凭林业部门核发的"经营许可证"到当地工商行政管理部门办理"营业执照"。

十、影响经济效益的主要因素

(1)品种因素:初养者若引进较名贵的品种,如尖吻蝮,因该蛇不易繁殖,饲养成活率低,引种成本高且不易推广;而一般的小型品种经济价值低,饲养效益不佳,无养殖的意义,如各种饲料蛇。

(2)饲养设备因素:由于我国养蛇业发展较慢,饲养设备不配套,几乎没有专门的养蛇设备,直接制约了养蛇业规模发展的进程。

(3)蛇产品加工利用因素:这是阻碍养蛇业发展的最主要因素之一。原料蛇不能适时满足大量加工的需要,国内规模养蛇的时间短,并且时起时落,限制了养蛇业的发展。

(4)未形成工厂集约化养蛇:就养蛇业来说,除了我国,世界上还有印度、泰国、日本、德国、马来西亚、南非、巴西、印度尼西亚、法国、澳大利亚等国家。这些国家养蛇主要是进行科研工作,作为生产性规模养殖的很少。我国的工厂集约化养蛇尚在探索阶段。

十一、养蛇失败的原因分析

纵观国内养蛇业的现状,一哄而上的养蛇业成功者只占少数,而失败者占多数。下面总结养蛇失败的原因,供大家参考。

(1)初养者没有扎实的养蛇技术和经验,蛇场建造得不够合理,其中包括防逃、防盗、水源、食源、密度、采光、温度、湿度及越冬、越夏等各方面,设计得不合乎人工养蛇的标准和要求。以上任一方面有欠缺的话,均可能导致人工养蛇的失败。

(2)人工养蛇失败的另一重要原因为蛇种问题,大多数养蛇户刚开始不知道引进什么品种,也不懂得如何辨别蛇种的优劣,存在很大的片面性和盲目性。因此,养蛇户一定要把好蛇种关,以免造成不应有的经济损失。

(3)购买回来的蛇种未经消毒或药浴,便直接投入蛇场,特别是由猪舍、鸡舍、兔舍及其他禽舍改建而成的蛇场更应在未投蛇种前多消毒几次,避免因细菌蔓延而造成蛇群病害,从而导致疾病传播,引发大量死亡。特别是远途购进的蛇,因多日的运输颠簸已削弱了蛇的免疫力,加上又未在短时间内适应新的环境,饲养管理一时跟不上,任何一点疏漏,都会导致死亡。

(4)若养殖的是毒蛇,刚引进不足1个月就急于采毒,致使大部分毒蛇拒食,造成非正常的死亡。毒蛇养殖多适合于南方地区,北方地区的养蛇户若养殖毒蛇,一定要慎重,不要盲目引进,以免造成亏本。

(5)在每年的梅雨季节,时值雌蛇的产卵(仔)期,刚分娩后雌蛇身体特别虚弱,加之这段时间内天气特别炎热,若供水、供食不足,会引起蛇群因争抢食物而撕咬打斗,严重时会引起大蛇吃小蛇,雄蛇吃雌蛇,甚至有雌蛇吞食蛇卵(仔)的现象发生。此季节的防暑降温、排雨防潮工作未能做好的话,也会造成体弱的雌蛇发生霉斑病、肺炎、营养不良(枯尾病)等。若治疗不及时,喂养跟不上,会导致蛇的大批死亡。

(6)蛇卵人工孵化出壳以后,没有分开单独喂养,而是与成蛇或青年蛇一同饲养。因二者在体重、体长及年龄上相差太大,若放在一起混养,会造成大蛇吃幼蛇的现象。如蛇类一旦养成"嗜蛇"习性,终生难以改变。再者,少数养蛇户为减少场地资金的投入,所养毒蛇与无毒蛇未分开单独饲养,势必会造成毒蛇吞吃无毒蛇的现象。另外,不同种的毒蛇也要分开单养,因不同种、不合群的毒蛇更有撕咬现象发生。

(7)在建蛇场的同时,未能一次性地建好高标准或合理化的越冬、越夏场所。蛇属变温动物,对温度、湿度都有特定的标准和要求。有的蛇场越冬场所干脆没有,只是在冬季来临时,简单地将蛇移至它处来解决其冬眠,这样做既不方便也不合理,更没有一定的连贯科学性,使蛇类在体质最差的季节里,处在陌生的环境里,对蛇的身体健康极为不利。这样做会加大明春出蛰后蛇的死亡率,更何况有的蛇在那样的环境里根本就越不了冬,更谈不上来年的养殖和繁育了。在炎热的盛夏季节也是如此,如果只是简单地泼水降温,效果不是十分理想,无法从实质上解决蛇场高温这一根本问题,导致因蛇场或蛇窝内高温持续不降,出现蛇热死的现象。

(8)小规模、小数量在室内试养的养蛇户没有注意到室内面积小、密度大、通风条件差、采光不良等诸多不利蛇正常生长的因素,也是导致人工养蛇失败的原因之一。

通过以上失败经验的总结,初养者在计划时就应该尽量避免这些因素,以保证自己的养殖成功。

第2章 养殖场舍与设备

人工养殖蛇类,蛇场设计,建造是否科学、合理,影响养蛇的成败。蛇场的建造和面积可大可小,可繁可简,主要根据养蛇单位(户)的经济承受能力和规划来决定。真要想把蛇养好、繁殖好,蛇场的建造必须要达到养蛇的标准和要求。

第1节 场址选择

人工养蛇只限于农村、郊区,城市的居民区和闹市区里不能养蛇,山区和林区是养蛇首选的好地方。只要当地有丰富的小动物资源,特别是靠近河边、库区、池塘、水田,水利条件较好,没有污染,没有噪音,有鼠类(蛙类)存在,有野生蛇出没的地方。养蛇场附近有孵化单位(孵鸡、孵鸭、孵鹅的均可,因淘汰的或公的雏禽做饲料都很便宜)的地方均可养蛇。

建造蛇场除考虑对周围群众的威胁外,应选择在背风向阳、通风、地势稍高的干燥处,还应考虑水电、交通等,且有一定自然坡度的地方。如养殖的数量较少,可利用闲院和闲房养蛇,无须建造蛇场,这种方法尤其适合初养蛇者,初养者因数量较少,故所需地方不大。

投资大的规模养蛇场,应选择稍大一些的场地,让蛇生存在露天立体式的场内比较好;在蛇窝的处理上,应在温、湿度的控制上下功夫,尽可能在同一环境内,能为蛇提供不同的温、湿度空间和层次,使之能自由地选择栖息处。

第 2 节 蛇场的种类与建造

蛇场的建造和面积可繁可简、可大可小,主要根据养蛇者的经济承受能力和规划来决定。有箱养、笼养、池养、缸养、篓养、沟养等诸多家庭式养蛇方法,但真要想把蛇养好、繁殖好,其蛇场的建造不但必不可少而且要达到养蛇的标准和要求。

一、蛇场建造原则

蛇场是蛇养殖的必备场所,建造时应依据安全性、经济性、因地制宜的原则进行。

1. 建造原则

(1)安全性:蛇场的建造,首要的问题是安全。所谓安全,是就两个方面而言,即社会安全和内部安全。所谓社会安全是指蛇对周围环境中的人畜安全保障。所谓内部安全,是指蛇场内部的安全问题。无论是大型蛇场还是小型蛇场,内部的安全都极为重要。如有些毒蛇养殖场,对于装蛇用的蛇箱、蛇笼或蛇池,除了确保这些用具不能让蛇逃逸外,还要加盖、上锁,不能让小孩或陌生人任意拨弄或靠近,以防毒蛇对人的伤害。

在蛇场建造时,要充分考虑到今后可能发生的某些问题并做长远打算。如所选场址要考虑到洪涝灾害等对蛇场可能造成的隐患。如果蛇场建在低洼的地方或行洪区,暴雨的到来是否有被冲毁或淹没的可能性等。

只有在充分考虑了安全与可靠性之后才能放心地实施养蛇

计划。

(2)经济性原则:蛇场的建造是以养殖蛇类,最终获得经济效益为目的的,即以最低的成本投入,去获取最大的经济报酬。蛇场建造的规模大小,必须与蛇的需求量及自己的经济能力直接挂钩。如果没有稳定的或潜在的需求量而盲目地一哄而上,往往会造成不必要的经济损失。因此,建场之初应进行科学的调查和预测。同样,只有有了市场需求量,才能确定蛇场的养殖规模。

在确定了蛇场的规模之后,应本着先简后繁、先主后次、逐年完备的原则,以最低的投入成本,争取获得最大的利润。

(3)因地制宜性原则:所谓因地制宜是指充分利用当地现有的优越条件,能在本地区解决的问题,不要舍近求远;暂时有可以替代的设备和设施,不一定再去购买或置办新的等。

只有在综合考虑上述三项建场原则的基础上,才能使蛇场获取丰厚的经济效益。

2. 注意事项

一个良好的养蛇场,应辟有宽敞的活动场所,即蛇类的运动场。但运动场内不能栽种爬藤植物,如爬墙虎、葡萄;带刺花木,如月季、蔷薇、玫瑰、仙人掌等,以防蛇类被藤蔓缠住难以脱身或带刺花木刺伤蛇的皮肤,引起溃烂,导致死亡。冬青的布荫效果虽好,但其枝条茂密,并拢严密,蛇一旦爬入其中,多被枝条套住,很难顺利爬出。因此,蛇场内最好不要种植上述植物。

蛇场内不管修建水沟还是水池,最好因地制宜。若水资源比较丰富,可建成流水式水沟。再者,水资源丰富的地方,蛇类吃的食物相对来说也比较丰富。但北方的多数地区常年干旱,水资源较南方来说比较缺乏,水中的蛇食(如蛙、杂鱼)有时难以保证供给,大多数是靠孵鸡场淘汰的小鸡来喂蛇,若一味采用水沟形式来供水,就会有一部分小鸡掉到水沟里淹死,造成饲料浪费和损失。为避免这类现象的发生,可建造高于地面约 $10\sim15$ 厘米的水池,就可以避免这些损失了。有条件者,还可以在建池的同时预留一个下放水泵的小坑,这样能使池中的废水排除得更快更干净。

建造蛇场围墙时,一定要处理得光滑、结实,决不能留有小裂缝或小空洞,否则会导致蛇的外逃。因蛇类的伸缩能力特别强,只要是头部能够经过的地方,身体通过不断地收缩也会随之钻出来。一旦发生逃蛇现象,要及时查找并抹堵裂口或墙洞,杜绝此类现象再次发生。

蛇场的排水口应建在低洼处或排水方便的位置,有利于废水外排或雨季排涝。排水口应焊制不锈钢网。为了防止小型蛇类或幼蛇从排水口外逃,可将铁丝网在排水口处内、外各加一层。

二、蛇场的类型

近年来,我国的养蛇业发展很快,各地建造的养蛇场种类繁多、五花八门。但归纳起来,大致上可分为露天蛇场、蛇房养蛇、室内外结合养蛇、立体蛇场等。

(一)露天蛇场

露天蛇场又叫围墙式室外养蛇场,可为圆形、正方形或长方形,是目前我国长江以南诸省(区)使用最多的一种养蛇模式。养蛇场(户)建造露天蛇场时,多数是就地依势,或傍山靠坡,或建在住宅边上。养殖面积大小各异,小的仅几十平方米,大得有几亩甚至几十亩。围墙内的设施有蛇窝(房)、水池、水沟、饲料池、假山、乱石堆、活动场等。

蛇场围墙的高度一般在2~2.5米(如果饲养的是体型较小的竹叶青、蝮蛇、金环蛇、银环蛇等蛇类,围墙不宜建得过高),墙基应深入到地下0.5米左右,并用水泥浆灌注,墙基结构为砖、石头等建材。蛇场内墙壁应用水泥抹平抹光,切忌粗糙,内墙壁切忌刷成白色,以免夏季阳光强烈造成反光,影响蛇场内的正常温度,一般用灰水泥的本色就可以。墙的四角应做成弧形,不可砌成直角,墙的上部用木条钉上一块塑料布,用来阻挡蛇向上爬行。围墙最好不设门或不留观望窗,饲喂人员采取梯进、梯出的方法最保险(最好使用竹梯),饲喂人员一旦进场后必须先放倒梯子,以防蛇沿梯外逃。若需要在蛇场围墙处开一进出小门,最好设两层门。也就是在蛇场内开内门,在蛇场外开外门,门一定要紧贴墙壁,关门后不留任何缝隙。另外,还可在蛇场的墙内外各筑一砖石阶梯,墙外的阶梯可紧贴围墙,与围墙形成一体;场内的阶梯应离围墙1.5～2米。进出时可搭一结实、轻便的木板,一进入蛇场后,木板要及时抽掉或吊起,慎防蛇顺板逃逸。

　　蛇场内四周挖一宽40厘米、深40厘米的水沟,水沟的两岸要砌成斜坡型,使蛇类能随意进出水沟。在地势较低处或排水比较方便的位置留一排水口,排水口内、外应各放置一层尼龙网或不锈钢网,防止蛇类从排水口外逃。蛇场水沟内的水,最好使用流动循环水源或经常更换的清洁卫生的水。要经常冲洗水沟沟底或沟壁的污物。水沟中可以栽种水草等,再适当放养些青蛙、蟾蜍、黄鳝、泥鳅、小杂鱼等,便于蛇能随时捕捉到自己喜食的食物。这样既改善了蛇食的品种,又可借助灯光观察夜行性蛇类和晨昏性蛇类的活动情况及捕食规律。也可以在蛇场的中间挖一个大水池,池中种些水生植物,放养一些青蛙、牛蛙、泥鳅等。

　　在蛇场的向阳处或地势高的地方搭建蛇窝或蛇池,蛇窝有不同形式,修建成坟丘式、地洞式均可。一般的蛇窝可用砖石砌成,或用瓦缸作壁,外面堆以泥土。蛇窝高与内径长均为50厘米左右,顶上加盖防雨,便于观察、取蛇和清扫。底层一部分深入地下,窝内铺些沙子或干草,要注意防水、通气和保温。每窝有两个洞口,其中一个朝南面或东南方向,令蛇能自由出入,这样规格的窝可容纳中等大小的蛇10～20条。若是30平方米的蛇场,营建5个蛇窝,大约可饲养尖吻蝮30条或蝮蛇100条。另外,也可建成蛇房,例如修建一座长5米、宽4米、高1.2米总计24立方米的蛇房。先在四周砌成20厘米厚和1.2米高的土墙,房顶上盖一块厚水泥板,房内中央留出一条通道,两侧用砖砌成许多小格;每个小格的规格为20厘米×20厘米×15厘米,每个小格与前后左右的邻格相通。在总的通道出口处设一扇门,门的底部留几个小洞,供蛇进出。这扇门平时关闭,起到挡风遮雨和保温作用。打开门,饲养员可弯腰进去检查。在蛇窝、蛇房边设有水沟,水沟的两端各通向饲料池与水池。水池饮水,必须保持水质的清洁卫生;饲料池经常放养一些黄鳝、泥鳅、青蛙和水草,供蛇捕食。蛇场的一侧留一块活动场,堆一假山或放些乱石,种植一些小灌木等,供蛇隐身、栖息、活动、交配等。

毒蛇不能搞多品种混合养殖,必须一个品种单独一块饲养场地,每块场地面积在100~120平方米为宜,场地过大不适合人工捕捉。无毒蛇中的王锦蛇必须单独饲养,因为此蛇是无毒蛇中个头最大、长势最快、好饲养的品种,但其性凶,有吃蛇的习性,甚至敢吞吃眼镜蛇,不能与其他蛇类一起混养。

(二)蛇房养蛇

这种方式非常适于初养蛇者,蛇房可以利用一般的闲置房屋。若没有闲房空屋,需重新建造新房的话,这种投资不划算,不如直接建小型的立体蛇园。因闲房变蛇房的投资仅在几十元或几百元,初养者只需按照养蛇的标准和要求稍加改造即可。

在内墙面光滑无损、无大裂缝的情况下,只需将墙角处理成弧形即可,最简单、最省钱的解决方法是利用一块宽约0.5~0.6米,长约1.2~1.5米的塑料薄膜,用薄竹坯或木条围绕薄膜两边用铁钉钉上,墙下角用土把薄膜的底边压上夯实即可,使蛇类无法从原直角90°的墙角爬上去。蛇房的地面应重新铺一层厚约10~15厘米的新鲜土(大田土);在铺土的同时,应在蛇房的中间位置放几个水盆,供蛇类饮水、洗澡之用,铺土高度应与水盆的边沿齐平,最好用土固定住并且不能留下缝隙,以防蛇类钻进去做窝,但也不能将水盆固定得太死,因为还要不断地更换盆中的水。

另外,还需要在太阳照射不到的墙角处为蛇类搭建一排简易的蛇窝,因蛇类栖息时不喜欢将身体暴露在光线明亮的地方,造窝的材料直接用红砖搭建就行。建窝时先将 3 块红砖竖行排放,形成长约 72～75 厘米的立体砖墙,相隔 18 厘米再放 1 排红砖,竖排砖的上面依次可横排 6 块砖,砖面上铺一层厚约 2～3 厘米的干净土,可起保暖、清洁的作用。这样有规律地码排布砖,即可形成室内地面立体蛇窝。蛇窝的长度和高度可根据室内面积和养蛇数量的多少酌情而定。最后用土将窝顶封住。

蛇房的门窗一定得密封好,因一个很小的洞和缝隙都会发生逃蛇的可能。因此,窗户直接用铁丝网钉牢(但必须钉在不影响开窗通风的那面),同时需检查窗扇的结实程度,因蛇类爱爬上窗扇晒太阳或在此聚堆。若窗扇不结实或折页有松动的话,就有被群蛇压塌的危险。因此,在养蛇之前必须先将窗扇修理好,杜绝此类现象的发生。另外,蛇房门外最好再建一低矮的防逃墙,以防开门时蛇突然外窜逃跑。矮墙的高度应考虑到饲喂人员能抬腿迈进迈出方便的高度即可,墙的内外无须专门抹光处理。饲喂人员最好还应该养成进蛇房先敲门或跺脚的习惯,这样久而久之蛇便习惯了这样的进门信号,一听到敲门或跺脚声,便会条件反射,马上爬离门边的位置,这样不仅可以防止蛇类趁开门的一瞬间外逃,还可冬季防鼠入侵。

处理好这一切后,还应在室内空余的活动场所摆放一些耐活的盆栽花草或矮灌木,尽量搞好蛇房的绿化和增湿,人为地创造出一个安静、舒适的栖息环境,以利于蛇类的生长和发育。

在喂养中发现蛇进食、饮水、蜕皮、活动均比较正常时,饲喂人员应适当减少进出蛇房的次数,只需从窗外或门窗外观察即可。蛇房附近禁止放置化肥、农药、汽油、柴油等对蛇有害的物品,并谢绝生人观望或进入蛇房,避免对蛇的惊扰。

蛇房每月消毒 2～3 次,并用平头锹铲去地面上的污物,或直接铲去表层土,重新再铺一层新鲜土。

(三)室内、外结合养蛇场

室内、外结合养蛇场是在有蛇房的基础上,再辟出一个能让蛇自由活动、捕食的范围。除保持蛇房内应有的一切设施外,可在院子四周或若干地方修建宽 40 厘米、深 40 厘米的长方形或正方形蓄水沟,中间还可修建深度不超过 30 厘米的贮饵池,池内放养蝌蚪、泥鳅、杂鱼等。在修建水池时,在池底一低角处预留排水孔,以便经常换水。更换的池水可直接排在蛇场内,以保持蛇场的湿度和绿化用水。

围墙的高度不能低于 2 米,最好在 2~2.4 米。墙太矮会导致蛇的外逃,过高则影响通风。如养蛇的房院是独门独院,可把墙角处理成弧形,内墙壁处理光滑无缝后直接用于养蛇。若不完全将房子用于养蛇,内房无法与院子相通,可直接在通向院子的那面墙下方打上几个拳头大小的墙洞,成为蛇自由进出蛇房、蛇池的通道,此法非常简单、实用。蛇房和院子相结合的室内、外蛇场,优点是为蛇创造出一个近似自然条件的生存环境,院内栽种花草或矮树木,为蛇提供一片绿阴,给蛇创造一个相对安静、不受外界惊扰、有利于蛇正常生长发育的环境。有与蛇房相通的蛇场,使蛇能更好地适应外界的气温变化,增强其抵抗疾病的能力。饲喂人员若进蛇房可走房内偏门,进出蛇场可采取梯子进、梯子出的方法。蹬梯子进入蛇场后需立即将梯子放倒,慎防蛇顺梯而逃。

蛇场内的水沟、水池及种植的花草树木,能给蛇类提供了一个藏身纳凉的好地方,也给青蛙、蟾蜍、蛐蛐、蚂蚱及其他昆虫提供了藏身之处和存活的条件,更有利于刺激蛇的食欲和捕食。

庭院养蛇的密度不宜过大,应让所养的蛇尽量接近野生状态,这就决定了养蛇的场地不宜太窄小。若在庭院少量试养,建场时又舍不得投资改造,一味利用粗糙破旧的淘汰庭院,致使所建"蛇园"不符合蛇的生存需求,则不利于蛇的生长、发育和繁殖,当然更谈不上获取经济效益了。若想在庭院里养好蛇,建好微型蛇园是迈向成功的关键一步。

(四)立体养蛇场

立体养蛇场是目前我国养蛇行业使用最多的一种养蛇模式,比较适宜蛇类的生长发育,也被称为"仿生态自然养蛇法"。立体养蛇场的面积可大可小,形式上也不拘一格,可建成方形,也可建成长方形,主要依据因地制宜的原则。

1. 立体养蛇场的优点

多层立体式地下蛇房可全年使用,平时作为蛇类的栖息地,冬季又可成为蛇类理想的冬眠场所。长江以南诸省(区)使用此模式,在气温较高的夏天,尤能体现出地下凉爽的优越性。还可根据不同地区水位的深浅,建成半地下、半地上模式的,以解决南方水资源丰富、水位较浅,深挖易出水的弊病。而北方的冬天特别寒冷,此季只需在蛇房的顶部加大土层厚度,确保在当地冻土层以下,用棉絮或废报纸塞牢蛇类进出通道和通风口,盖好人的进出口并覆盖塑料薄膜后用浅土掩盖,即可使地下蛇房内的各类蛇安然度过冬眠期。

此模式的成功应用,不仅扩大了原有的养殖面积,也扩大了存蛇量。蛇类的饲养环境也有了较大改善,使饲养环境近似自然环境,更有利于蛇类的健康生长和存养时间。此蛇房的设计成功,改变了过去早春、冬季无法取活蛇上市销售的缺点,变为可随时进入地下蛇房取活蛇供应市场,以满足不同客户的需求。

此蛇房可为不同种类的无毒蛇混合养殖(王锦蛇除外)提供不同的温、湿度空间,使所养的蛇类能够自由地选择它所适宜的蜗居层次,从而减少了重复建蛇场、建蛇窝的资金投入。更为昼行性蛇类和夜行性蛇类交替使用,提供了有效利用空间,使地下蛇房显得更加宽敞,不至于出现因蛇多造成窝内拥挤的现象。

在修建此蛇房时,因有意提高了与地面蛇场的坡度,再加上每个出蛇口都有半块竖砖做支撑,并用连挂好的瓦片盖好了,从而有效防止了狂风暴雨对蛇洞口的突然袭击,无须在恶劣情况下再烦劳饲养人员进入蛇场收拾应急。另外,地下蛇房的顶面是用土堆成的,除能起到控温、保湿的作用外,还可以在上面栽种花草,有利于蛇场的环境绿化和生态,更为蛇类提供了一定的活动空间。

此地下蛇房最大的优点是冬季在不进入蛇房的情况下,便可以测得里面的温、湿度。将干湿表用长约1.5~3米的细铁丝或尼龙绳系住,通过蛇房的通风口将干湿表递下去,就能很准确地知道下面的温、湿度。

人工养蛇能否设计建造出其所适应的仿野生蛇窝,是养蛇中的关键技术,同时也是养蛇成功的重要保障。此蛇窝很好地解决了蛇类一生也离不开蛇窝的问题。蛇类在饱餐一顿后,必定要爬入窝内静卧几天,待腹内的食物消化干净了,方才爬出蛇窝再次寻觅食物;其余时间(如高温、阴雨、狂风等)或有蛇体本能感觉不适应的其他因素,蛇均会爬出它们的窝。由此可以推算出,即使在蛇类活动的高峰季节,它在窝内呆的时间仍高达2/3。所以,蛇窝建造是否合理、实用,是养蛇成败的关键。

2. 建造方法

蛇场围墙的高度应在2~2.5米。若饲养的是中小型蛇类,高度可在1.5~1.8米,但围墙外需有防护墙,以防被人偷盗造成损失。墙基应深入到地下0.3~0.5米左右,并用425#水泥浆灌注,墙基建材为砖、石结构。蛇场内墙壁应用灰水泥抹光抹平,切忌粗糙;内墙壁同样不要刷成白色,以防夏季阳光照晒反光,影响蛇场内的正常温度。围墙的内角砌成弧形以防蛇沿90°墙角呈S型外逃。为保险起见,建议蛇场最好不留门,出入靠轻便的竹梯即可。这样不仅避免了因造门不利引发蛇外逃的现象,更有效制止了他人不必要的观望,将不利于蛇类生长的人为因素"堵"在蛇场外,自然省去了许多不必要的麻烦。

蛇场围墙的顶部应平坦,不能起棱,墙顶宽约24厘米。还可建成宽约50厘米向两边突出的式样,既可防止大蛇沿墙翻越墙顶外逃,还便于养殖人员行走和观察,更是投食、出蛇的搁放平台,在实际操作中作用很大。

在蛇场的向阳处或地势较高的地方建造蛇房。蛇房分地下蛇房和地上蛇房两种模式,可同时都建,也可只建地下蛇房。因地下蛇房既可以挡风遮雨,又是蛇类越冬度夏的理想场所,是目前较经济、实用、科学、合理的一种建窝方式。

蛇房深入地下2~3米,宽2.3~2.5米,长度不限(主要依据养蛇量的多少而定),上顶用长为2.6~2.7米的水泥预制件(事先定做好)或厚木板做顶部支撑,蛇窝的层与层之间用砖有规律地层叠在一起。垒造出9~14层蛇窝,每个蛇窝为三块砖长,竖立两行,支撑成长筒形,上面将砖横铺开来。横铺的砖面上要铺层新鲜土(挖土坑的土即可),厚为2~3厘米,土质必须细碎过筛,这样能起固定砖的作用,无须再用水泥或泥浆抹缝。挖好的土坑四壁无须专门处理,只需在挖坑时处理平滑就行。坑底若土质疏松,可用打夯机夯实或用石夯夯实、夯平,以防土层下陷,造成塌方。坑底及四壁不处理的目的就在于利用它的自然土层断面,这样对控温保湿大有益处。

处理好这一切后,就可以布砖码窝了。蛇窝的层与层之间在码好第一层竖砖蛇窝雏形后,在靠近土层(坑壁)断面的每个蛇窝内口的壁面中间,挖一直通地面的凹形槽,槽径的大小约啤酒瓶粗细,作为蛇类自由爬进爬出的通道,使露天蛇场与"多层立体式地下蛇房"真正浑然一体,成为名副其实的立体蛇场。并且使所养的蛇类在春、夏、秋不同季节,可以很自由地选择它所需的那一层次。同时,更为不同种类的无毒蛇混养提供了宽敞、适宜的养殖、栖息空间。

为进出观察蛇类和冬季取活蛇方便,在此蛇房背风的一端,挖造一处楼梯式的梯形通道。此通道从地表面直通地下蛇房,成为养殖人员随时上下出入的阶梯。蛇房通道和出入口的通道宽度是一致的,以供两个人并排通过为宜,可在通道的中央位置挖一"V"型纵行底沟直通里面,即可蹲在底沟里方便观察底层的蛇。另外,通向地面蛇场的蛇通道口应高于地面8～10厘米,以防雨水倒灌。还需根据通道口的大小尺寸预制两块稍薄一些的水泥盖板,以供雨天或下雪天盖口使用,也可搭盖结实的木板或铁板,但不能刷成白色。为做好保全防盗措施,还可在盖板上预留两个铁环,以利上锁,谨防冬季贼人入内偷盗。

为了改善地下蛇房内的空气流通,在蛇窝码好封顶但未搭铺厚木板、竹竿时,预留一个通风口,水泥预制件应提早预留好,以便于安装陶管或塑料管通风,也就是直通地下蛇房顶部的通风管道。陶管或塑料管的内部直径为12～15厘米,在地面管道的上部最好再装上一个配套拐头,可防止雨水、雪水流入地下蛇房,确保地下的温度、湿度始终处于恒温恒湿,以利于蛇类的栖息。

地下蛇房建好后,为防止四周的雨水往下渗透,增加蛇窝内的湿度,应在顶部全都埋入塑料薄膜。蛇房四周紧挨着蛇的进出通道,也应埋入宽1～1.5米的薄膜,表面覆土10厘米以上。因薄膜被土掩埋压实后,既不影响栽花长草,更不用担心雨水往下渗透。

在建好地下蛇房的同时,最好将地上蛇房一起配套建造好,免得以后养殖规模扩大了才考虑地上蛇房的适用性,那时再建造就相当费工费时了。因地上蛇房在蛇类活动期利用率比较高,适合建造在蛇场的背阴处,不能让太阳直晒。其建法与地下蛇房的蛇窝基本上一样,只是没有了蛇类的上下通道、中间走廊、通风口、人进出口及埋入土中的薄膜。地上蛇房的高低层数可多可少,既可建成单排的,也可建成双排的,主要根据蛇场大小和养蛇量来定。

(五)山洞、防空洞养蛇场

有条件的地方可利用山洞、防空洞养蛇,若洞外还有空余闲地与山洞、防空洞相结合的话,完全可以用来养蛇。在养蛇前首先应该弄清楚山洞或防空洞的结构情况,堵死其他多余的出口;堵死老鼠洞,及时修缮不利于养蛇的地方。若投资较小、觉得划算的话还是可以的。其形式类似室内外结合蛇园的模样,但从总体环境来讲,还是具有不少优越性。如洞穴内恒温恒湿、冬暖夏凉、隔音安静、较野外污染少等,均是蛇类所需求的。在这里需说明一点,如果洞口与地面通道较长的话,在修建坡形道的同时,还应在另一侧修建成梯形通道,有利于蛇类的爬进爬出。

第3节 其他养蛇设备

1. 装运蛇箱

一般用长80厘米、宽50厘米、高25厘米的木箱,可装中等大小的蛇20条左右;运输蛇体小则可多装5~10条;还可以使用装新鲜鸡蛋的塑料箱。要求装蛇器透气、牢固、防逃和便于码垛装运。

2. 运输袋

运输袋用于装蛇运输,如布袋、尼龙网袋、编织袋等,较常用的有尼龙网袋、编织袋和塑料筐。

3. 捕捉用具

(1)蛇叉钳:蛇叉钳长1米左右,由柄把、柄、第一道关节、第二道关节、第三道关节和钳组成。三道关节在活动时,能使叉钳张开或关闭。由于钳的两叶内缘有锯齿,可以起到加强对蛇体的固定作用。这种蛇钳既方便又实用,并且极为安全可靠。

(2)蛇钩:用一根长 1.5 米左右的木棍套上一只用粗铁丝制作的蛇钩,并用细铁丝绑牢。

(3)蛇叉:用一根长 1~2 米左右有叉的棍棒,叉口大约 60°角,角端钉有坚固又有弹性的橡皮胶带,当卡住蛇颈时不会损伤蛇体。

(4)蛇网兜:用一根长约 2 米的竹竿,在其顶端绑一铁环,把长筒形的网袋或麻布袋挂在铁环上即成。

(5)蛇套索:取一根长 1.5 米左右的竹竿,将中间的竹节打通,穿上一根具有一定硬度和弹性的塑料绳或细铁丝,成为一个活动的圈套。

(6)其他捕蛇工具:捕蛇工具还有很多,如蛇钩、木叉和木棍等。

4. 干燥器

用于干燥蛇毒及蛇制品用。

5. 填饲器

可用大号的注射器,为蛇填饲时使用。

6. 栖架

可自制栖架或用干树枝做栖架,供蛇在树干上活动或栖息。

7. 采毒工具

一般可用小玻璃杯、小瓷碟瓷匙、培养皿等。

8. 其他

深筒胶靴,长袖的皮手套等防护工具及称量工具等。若养殖观赏蛇还要准备展箱。

第3章　种蛇的获取及运输

随着社会的发展,近几十年由于对蛇利用率的不断提高,养蛇事业已经遍布我国的大部分地区,主要分布于广东、广西、福建、江西、江苏、浙江、云南、湖南、湖北、黑龙江、辽宁、吉林、山东等省(区)。广西的梧州、南宁,福建的武夷山,浙江的天台,江西的景德镇、南昌,辽宁的清原,吉林的磐石和辉南等地的养蛇场规模较大。以上场家大部分是模拟蛇在野外的生态环境,使蛇类的养殖更趋向科技化、规范化,并同园林绿化相结合,已成为今后发展养蛇事业的雏形。

第1节　引　种

人工养蛇首先要有品质优良、体格健壮的种蛇,种蛇的优劣往往决定人工养蛇的成败。

养蛇引种的好坏关系到蛇的存活率和生产能力。获取蛇种可经有关管理部门的批准后自己到野外捕蛇,如果本地蛇资源缺乏就需要引进种蛇。

一、野外捕蛇

野外捕蛇不存在地理差异、气候差异及运输等问题,对于初养者不懂养殖和管理技术或知之不多者最适宜。

在取得有关部门的批准及取得相关手续后,可自己到野外去捕捉,然后进行严格的筛选,才能做种养殖。捕获种蛇的最佳季节是在每年的清明节以后,当外界气温慢慢回升到18℃以上时,蛇类便从冬眠场所爬出来晒太阳,因其刚刚开始结束长达几个月的冬眠期,体力上还未完全恢复,一副懒洋洋的样子,不具备反抗能力,因此很容易捕捉到。另外,此时的蛇类出窝活动后,并不急于觅食,却集中寻偶交配。一旦捕捉到交配后的蛇类,进场后不久(6～7月份)便会产卵或产仔。优选进场后的第一代幼蛇,很适合长大后做种养殖。

1. 寻找蛇窝

蛇和所有的动物都一样,为了求得生存繁衍,都需要喝水、捕食,需要适当运动,还需要有其适宜的藏身之处。不同种类的蛇,由于生活习性和活动规律各有差异,往往对以上条件有其特定的要求。例如爱吃鼠类的黑眉锦蛇,分布的地域较广,常出现稻田、田野、山地、住宅附近近水、鼠类经常出没的地方。捕蛇前首先要寻找蛇洞,识别蛇洞,并了解洞里有没有蛇,以及有什么蛇。一般来说,可以从洞口、蛇屎和蛇蜕等几个方面进行鉴别。

(1)根据蛇粪寻找:因蛇有将粪便拉在洞外的习性,一般情况下,野蛇总是把粪便排到洞外的4～5米处。根据蛇粪特殊腥臭味的程度,就能断定附近有无野蛇,新鲜的蛇粪有的像鸡粪,有的像鼠粪。随大便排出的粉状物质是蛇尿,颜色呈淡黄色或黑褐色。陈旧一点的蛇粪稍微干燥、发硬,颜色也显得浅淡一些。同时还可以从蛇粪的残留物来判断出是哪种蛇,因其粪便中常夹杂有鼠毛、鸟羽、蛋壳、蛇鳞等不易消化的残余物,然后再根据蛇类的摄食习性,就可以初步判断洞中藏着什么品种的蛇。另外据经验,雌蛇的粪便要比雄蛇粪便的手感细腻柔滑一些,借此还可分辨出洞内蛇的性别。

(2)根据蛇蜕寻找:伴随着蛇的生长,蛇是经常蜕皮的,且蜕于洞外的草丛和石块之间。刚蜕出的蛇蜕手感柔软轻薄,比较完整新鲜。细看蛇蜕上的鳞痕,还可依稀辨出蛇的斑纹,有助于判断蛇的品种。如蛇蜕比较陈旧、干燥或有些破损,说明蜕的时间很长,此处是否有蛇,需重新判断。另外,怀孕的母蛇因其体躯增粗,较难顺利蜕皮,它蜕下的蛇蜕通常会缩成一个团。假如在蛇洞外面拣到一条潮湿柔软的蛇蜕,表明蛇刚刚蜕下,由此可判断蛇就在附近不远的地方。

(3)根据蛇洞寻找:由于野蛇经常出入蛇洞,蛇的身体反复摩擦洞口地面,故野蛇的洞口底部总是很光滑。若再仔细观察洞口附近,还会发现一些脱落的鳞片。如果发现洞口虽然较光滑,但洞口蒙满蜘蛛网,则说明野蛇早已弃之不用,洞内没有蛇了。

(4)根据蛇痕寻找:每年的春季是野蛇的交配季节,它们大多出洞寻找异性交配。因蛇的交配时间较长,且雌雄蛇交缠扭曲在一起,身下的草丛有被成片压倒的痕迹,这也是有助于人们野外寻蛇的一个好办法。

2. 引诱出洞

通常蛇类都喜欢在丘陵、山地、坟墓、荒坡、田埂或塘边的鼠洞内冬眠,蛇洞多位于较高的向阳地带,洞口朝南或朝东南。在冬眠的前后,蛇爱在洞口附近晒太阳取暖,此时最宜捕捉。温带和亚热带地区的蛇类,一般在11月下旬(小雪以后)入蛰而进入冬眠,至来年的3月底(春分以后)陆续出蛰。而在北方分布的蛇类,冬眠期较南方要长些,出蛰也相应延迟。一般来说,在蛇类入蛰前及出蛰后的一段时间内,蛇大多在洞穴附近寻食或觅偶交配,基本上都是在白天进行,此时也是捕捉蛇类的大好时机。

(1)出洞规律:并非每条蛇每天都外出活动,因其出洞活动有一定目的,如觅食、饮水、寻偶、沐浴、蜕皮、活动等,但主要还是为了觅食。一旦蛇饱食一顿后,消化时间需5~7天;倘若它吞下较大的食物,则消化时间长达10~15天,甚至还要长些。这时的蛇就不出洞而在洞中静卧消化了,等食物消化完后才再次出洞。

第3章 种蛇的获取及运输

夏季是蛇类活动频繁的季节,因白天气温很高,它们一般都匿藏于密林草丛中、乱石堆等荫蔽且不易被人发现的地方。只有到了晚间,它们才爬到凉爽、近水的场所去,因此夏季捕蛇最好选在晚间。但对有颊窝的蝮科毒蛇,如蝮蛇、五步蛇、竹叶青等,有见明火或光亮快速扑咬的习性,夜晚不宜捕捉此类毒蛇,特别是持火把、手电筒、矿灯等照明物去捕捉。夜晚捕蛇时至少要有2人或2人以上同行,以防发生不测。

蛇属变温动物,其活跃程度,自春至秋始终受气温高低的制约。它没有完善的保温系统和调温能力,其体温主要取决于外界环境温度的变化。初春、盛夏、晚秋季节气温均过冷或过热,蛇活动能力明显降低。蛇最活跃的季节是晚春、初夏、初秋或中秋。

实践证明,风和雨等气候因素也会影响蛇的活动。当风力达3~4级时,大多数蛇很少出洞。而台风来临的前夕,捕蛇者总可在这时满载而归。这些蛇之所以出洞而被捉,是因为洞中特别闷热,蛇无法耐受高温或浑浊的空气而被逼出洞穴。

综上所述,只有全面了解了蛇的习性和活动规律,才有助于我们寻觅到蛇并捕捉到理想的蛇种。

(2)诱蛇出洞:蛇洞找到以后,就是引蛇出洞了。引诱法对洞内的野蛇处于饥饿状态下有效,对饱食回窝栖息的野蛇难以奏效。

①引眼镜蛇出洞可把老鼠或麻雀摆在蛇洞周围。

②引金环蛇出洞可在蛇笼内放几条吃青蛙的无毒蛇等杂蛇,放在蛇洞口周围。

③引银环蛇出洞可把数条黄鳝放在无水的面盆内,摆在有蛇的洞口。

④引乌梢蛇出洞可用绳将数个青蛙绑在一起,放于洞口前。

⑤将500克青蛙捣成蛙泥,再将蛙泥放进洞内,当蛇闻到蛙肉腥气,出动觅食时捕获,此法适用于喜食青蛙的蛇类。

⑥咖啡50克,胡椒25克,鸡蛋清3个,面粉50克,混合成团。

多做几个药团,选在蛇常活动的地方,挖1米深、2米宽的坑。坑里四周铺好光滑的塑料布,将做好的药团套在1.5米长的细棒上,再将细棒的另一头插在坑中央。方圆30米的蛇闻味而至掉到坑里。掉在坑里的蛇用小网或醉蛇药喷蛇身捕捉。

3. 强迫出洞

(1)挖洞法:挖洞法适用于捕捉冬眠季节的蛇。捕捉穴居生活能力很强的蛇,也可采用此法。挖洞时要注意蛇洞有无支道,若有支道应一一进行堵封。一般先挖主道,再挖支道,当看见洞里有蛇盘伏时,就用蛇夹夹住或用蛇钩钩出,同时立即将捕捉来的蛇投入蛇笼内加盖盖牢。

(2)烟熏法:在挖洞捕蛇时,如果遇到蛇洞支道很多,而且又很深,无法采用挖洞法捕捉时,可使用烟熏捕蛇法。这种方法既省力又省时,对捕捉洞穴中的毒蛇可首先考虑使用此法。具体做法是:先把主洞口扒大一些,并把其余的洞口堵塞紧,然后把点燃的柴草塞入主洞口内,再用纸扇、竹笠、草帽等把火烟吹进洞内。柴草烧光后将灰烬扒出来,再铺上一层干泥土,以免蛇爬出来时被烧死或烫死。同时需将一半洞口堵住,余下一半用稀泥糊上,大约经过15～30分钟,由于蛇在洞内忍受不住烟熏的刺激,不得不往外爬,等到蛇头穿破稀泥伸出来时,立即用手或钳夹把蛇头夹住,再用力把蛇拖出来。但是必须注意的是,有时洞里的蛇因忍受不住浓烟的刺激,拼命往洞口外冲出来,因此要倍加小心,要事先准备好木棍或其他捕蛇工具,一见毒蛇冲出,就要迅速将蛇压住、捕捉。如果有时一次熏不出来,可再进行烟熏多次,直至把蛇熏出来为止。

4. 捉蛇

(1)捉蛇方法

①徒手捕蛇法:此法是一种常用的捕蛇方法(初学者不宜使用此法)。采用此法必须熟悉蛇性,有一定的捕蛇经验和技巧,手

法及动作运用迅速得当。发现蛇后要快步上前,准确地用手压住蛇的头颈部捉起,用另一只手轻捏蛇的颈部,以蛇不能反身咬到肢体为准。快速腾出右手抓住蛇并放进蛇袋或蛇篓内。也可用脚轻踏蛇颈或蛇体,然后用手捉之。

当蛇钻入窟窿(墙缝)时,因蛇在被动的情况下只会往前爬而不后退,若拽着尾巴使劲往回拖,即便把蛇拽断了,它也不会自己倒退出来。这时如果换种方式,采取"一松一送"的方法,即拽着蛇尾松手一送后,趁蛇往前爬行的那一瞬间,拽着尾巴猛地往后一拖,就会把蛇从窟窿(墙缝)中拽出来,并且完好无损。

对于毒蛇或不能正确判断为无毒蛇的情况下,切忌徒手捕捉,以免判断有误反被毒蛇咬伤。

②压颈法:因竹竿轻巧结实而富有弹性,可用长约 1～2 米的竹竿作为野外捕蛇的工具。见到蛇时用竹竿悄悄地从蛇的后面压住蛇颈,若未压准颈部,可先压住蛇身的任何部分,使其无法逃脱,再用另一只脚快速压住蛇体后部,然后再把竹竿前移至颈部,压准颈部后才能捕捉,然后用右手的拇指和食指掐住蛇的头颈部。掐时不要太紧,以不使松动而又无法移动位置为妥。若抓蛇过紧,往往会引起蛇的拼命反抗而难以对付。

③叉蛇法:当发现蛇时,捕蛇者悄悄接近它,用已准备好的木杈叉住蛇颈后再用手捉住蛇头颈部,一手固定木叉不让毒蛇跑掉,另一手捏住毒蛇的头颈部,并放下木叉握住它的后半部,即可将其活捉,又不被咬伤。

④夹蛇法:用准备好的蛇钳或蛇夹,要求蛇钳或蛇夹的柄较长,钳或夹口内略呈弧形,用此夹可从蛇的后面向蛇颈部夹起,用力要均匀,以免将蛇夹伤。夹住蛇后要先将蛇身放入预先准备好的蛇袋或蛇篓内,最后再把头颈同蛇夹一起放入容器的底部。当松开蛇夹并从容器取出时,应立即把袋口扎紧或盖好。此种蛇夹,夹口的大小应与蛇体大小相吻合,太大或太小均不易控制。平时最好多做几个不同型号的,以备用。

⑤索套法：这种捕蛇方法虽然较麻烦，但却非常保险、稳当，一般用于捕捉在乱石上、草丛中或在地面上翘起头颈的蛇类。捕蛇前先用一根长约1～1.2米的竹竿，把竹节全部打通，穿上一条具有一定硬度和弹性的细塑料绳或细铁丝，做成一个能活动的套。捕蛇时，用手拿着竹竿和绳索的一端，从蛇背后将活套对准蛇的头部，迅速地套住颈部并立即拉紧活套，即可捕捉到它。但活套不能拉得太紧，以免使所捕到的蛇受伤和窒息，从而影响作为种蛇的价值。

⑥钩挪法：此法适于捕捉行动比较缓慢、爱蜷曲成团的毒蛇，如五步蛇、蝮蛇、蝰蛇等。当发现它们在草丛中、乱石上或洞口外的时候，用特制的蛇钩，把蛇钩到平坦的地面上，然后用钩背或把柄压住它的颈部，再从后颈部把蛇捉起来。另外，需要从蛇笼中抓取活蛇时，也可用此钩将蛇钩出。用此钩钩蛇，对蛇没有任何刺激，因在较短时间内，它还来不及发怒咬人即被钩住了。使用此钩钩蛇，要求钩蛇者的动作稳、准、快，若钩蛇失败，蛇滑落在地上，需顺势用蛇钩压住头部，然后改用竿压法或夹蛇法捉之。

⑦网兜法：此法适用于捕捉运动较快或在水中游动的蛇类或海蛇。用一根长约2米的竹竿或木棍，在其顶端绑一个直径25厘米的铁圈，然后把事先备好的长筒形网袋的袋口张开，缝挂在铁环圈上并用铁丝固定在网柄上端。捕蛇时用网袋猛地迎着蛇头迅速一兜，使蛇进入网袋中，并立即扭动网柄，使网袋在袋柄上缠绕一圈锁住网口，使它不能出来，然后将蛇捉出或直接倒入蛇笼中。

⑧蒙罩法：用斗笠、衣服、麻袋或蓑衣等向蛇头准确甩去，以便罩住它的头部，并迅速用手压住，用脚踩住它的身体，再设法抓住头颈部，快速投入蛇笼。捕蛇经验欠缺者，不宜使用此方法，以免造成伤害。

(2)捕蛇注意事项：蛇对地面的震动很敏感，所以在捕蛇时，要仔细搜寻，并且脚步要轻慢，否则在你未发现蛇时，它已受惊动而逃跑或隐蔽起来了。一旦发现蛇时则步要快、胆要大、心要细、手要稳、眼要准,不能有丝毫的迟缓,否则会眼睁睁地看着蛇从眼前溜掉。捕捉毒蛇时,应采取相应的捕蛇工具来压住蛇体,捕捉蛇的部位必须准确、轻重适宜,在确保自身安全的前提下把毒蛇捉住。

①蛇全身是宝,大多数蛇类是鼠类的天敌,应保护蛇类资源,切不可滥捕滥杀,破坏生态平衡。经有关部门批准后,只捕捉少量蛇做种即可,但在蛇的繁殖期尽量不要捕捉母蛇。

②捕蛇要做好个人防护。捕蛇时,应该头戴大檐帽,身穿长袖衣裤,最好是厚实的牛仔装或工作装,脚穿厚袜及高筒球鞋或运动鞋,还应带防护手套,千万不可麻痹大意。

③捕蛇时要随身携带急救药品,如结扎用的带子,冲洗伤口用的水壶、刀片、吸吮器及治疗蛇伤的药或抗蛇毒血清。至少两人同行,以防出现意外。

④使用的捕蛇工具要牢固、长短适宜。装蛇的容器要轻便耐用,对蛇体无伤损,不同蛇种尽量分开装。布袋易使蛇闷死,不宜使用。使用工具捕蛇应在临出发前做细心的例行检查。

⑤将捕捉到手的蛇及时装好。在将蛇放入袋(篓)口时,一定要先放蛇身后放蛇头,并迅速盖好盖子或扎紧袋口。在扎袋口或提蛇袋时,应先将蛇袋提起抖动几下,使蛇集中于袋底下面,这样可以有效防止蛇突然爬出来咬人或逃跑。

⑥夜间捕捉时,最好使用光线较强的充电式矿灯。但在有颊窝蛇类出没的活动地带,最好使用长柄灯或弯头等,禁止直接使用照明工具。因竹叶青、烙铁头、蝮蛇、五步蛇等对温度敏感,且有扑明火的习性,以免扑将过来引起伤害。

⑦在捕捉蛇时,要学会胆大心细,做到眼尖、脚轻、手快,切忌用力过猛或临阵畏缩。南方产蛇区有句捕蛇口诀:"一顿二叉三踏尾,扬手七寸莫迟疑,顺手松动脊椎骨,捆成柴把挑着回。"意思是说,当发现毒蛇时,先悄悄地接近它,然后脚一顿造成振动,蛇

便会受惊不动,然后顺势下蹲迅速抓住蛇颈,脚踩蛇尾用力拉直蛇身,松动其脊椎骨,使蛇暂时失去缠绕能力并处于瘫痪状态,再将蛇体卷好,用绳扎牢蛇颈和蛇体,然后放入袋中或用棍棒挑起来,这种方法是捕蛇老手的经验总结。

⑧有些人以为手和脚及身上涂上蛇药,对毒蛇就会产生刺激,进而趋避,蛇就不敢接近也不会咬人,就可以轻而易举捕蛇了。其实,这是一种错误的认识。因为毒蛇咬人是它的自卫本能,不管涂药与否,当人踩到或捕捉它时,毒蛇是会用尽力量挣扎或扑咬人的。所以,在捕蛇时切不可因涂了某种蛇药而掉以轻心。

⑨在捕蛇时,一旦被毒蛇咬伤,一定不要惊慌失措,更不要急于奔跑。应立即处理伤口,结扎被咬部位,服用解药后及时找蛇医治疗,并告之蛇医被咬的蛇种和蛇体大小,以便对症下药,着手治疗。

二、购买种蛇

在当地野生资源缺乏的情况下,必须到养蛇时间较长、有养殖规模、技术成熟、信誉较好的养蛇场引种养殖。引种时,一定要查看养蛇场的有关证件,仔细问问所引种蛇的年龄、具体食性和管理方法,并签好合同,切实把握好种蛇的选育标准,最大限度地减少由异地引进所产生的"水土不服"现象,让种蛇早日适应。

1. 初次养蛇的选择种类

根据蛇类的分布状况、生活习性及适宜的温度、湿度,或其他诸多条件的限制,地处南方的养蛇爱好者应考察当地和周边的蛇类交易市场,选择流通性广、消费量较多的蛇品种。因南方气候适宜,四季温差不是太大,是众多蛇类的原产地,故毒蛇和无毒蛇都可以人工养殖,其选择范围广,但必须跟着市场走,以市场和销路定品种,千万不要盲目乱养。而地处北方的养蛇爱好者因为北方特有的气候、地理和环境三大条件因素的制约,则适合养当地的较大型蛇类及分布在长江以北的蛇类,如乌梢蛇、王锦蛇、棕黑锦蛇、黄脊游蛇、黑眉锦蛇和赤链蛇等。我国的东北地区可以饲养松花蛇、蝮蛇、赤链蛇和虎斑游蛇等。

总之,蛇类的人工养殖要充分考虑到当地的气候条件、食物来源以及所适宜养殖的品种。北方的养殖户在选择无毒蛇时也要慎重,地处东北三省的养殖者不能养殖广东、广西、云南、贵州、福建、四川、湖南、江西、浙江、安徽和台湾等省(区)分布的蛇类,因为相隔甚远,地区差异性较大,其他省(区)的养蛇者在选择蛇种时即使有修建"多层立体式地下蛇房"也要三思而后行,最好先少量引进试养,以免造成不应有的经济损失,使养蛇热情和信心受挫。

掌握正确的择蛇原则其实也很简单,就是先了解所养蛇的生活习性,看其食源能否完全解决,过夏、越冬的条件能否达到,三者齐全养蛇才能顺利。不要受某些报刊的养蛇广告和个人私自非法印制的小报的误导,说什么养毒蛇投资小、见效快、好饲养、无风险、一本万利等。

2. 从正规养蛇场引种

种蛇应从当地有规模的蛇场引进,不要买蛇市或农贸市场蛇贩卖的蛇。

真正的养蛇场在当地大都养殖时间较长,饲养规模较大,有很高的知名度,且当地的职能部门对其都知晓,临行前不妨先与这些部门(如林业局、畜牧局等)联系,做到心中有数,避免出现与所了解情况不符的事情。欲养蛇者到达养蛇场后,最好先查看供种单位的营业执照和林业部门颁发的"野生动物驯养(繁殖)许可证"和"野生动物经营许可证"。若三证齐全,证明是合法的养蛇供种单位,一般可放心引种养殖;若没有则相反,不能相信他们"花言巧语"的任何解释,以免上当受骗。

千万不要盲目购买养殖时间不足两年且不成规模养户的蛇。

因他们自己尚未闯过技术关、防疫关和销售关,又怎能对你担负起相应的责任和义务呢?

3. 引种季节

运输种蛇的季节同养蛇时间一样,除冬季不能运输(不包括商品蛇)外,其他季节均可运输。但人工养蛇引种的最佳季节是在春、秋两季。春季天气适宜,引种后养殖不久便可进入产卵期或产仔期,对初养者尤为适宜。秋季也是引种的好季节,因为秋季天气不太冷也不太热,而且是蛇类捕食的旺季,同时也是其一年中最强壮的时候。路途稍远的养殖户,可在这一季节引进种蛇。初养者从青年蛇养起比较适宜。因青年蛇在长势、抗病、吃食方面好于小蛇苗,在新的生存环境中能较快适应。

4. 种蛇的选择

人工养蛇首先要有品质优良、体格健壮、大小匀称的种蛇。种蛇质量的优劣往往关系人工养蛇的成败。因此,必须对种蛇的规格大小、身体健康状况和蛇龄都有较严格的标准和要求,因它直接关系到人工养蛇的经济利益。

(1)外观:理想的种蛇从外观上看应体格健壮、生猛有力、体色油亮(蜕皮时除外)、肌肉丰满、活泼好动、伸缩自如、无病无内伤、本品种体重适中。如发现蛇的神情呆滞,不爱伸舌头,身体瘦弱,鳞片出现干枯松散,颜色失去光泽,这种蛇可能染上疾病,也不宜选做种用。

(2)健康状况:一般蛇的外伤较容易用肉眼看到,轻微的外伤大多经简单治疗即可痊愈,做种不影响养殖。关键是查看有无内伤,查看的方法是将蛇放在地上爬行,观察其是否灵活自然;或是以两手捏住头尾自然拉直后,蛇的蜷缩能力强,说明无内伤,反之不能做种蛇。如表皮略伤而无内伤,只要涂擦碘酊不久治愈也可做种蛇。若养殖的是毒蛇,应逐条检查是否具有完整的毒牙,被拔掉毒牙的毒蛇,大多口腔红肿,难以吞咽和捕捉食物,导致营养供给不足而逐渐衰竭而亡。

（3）雌雄比例：引种蛇苗要注意雌雄合理搭配。一般雌雄比为10∶1左右。蛇类有雌有雄，在外部形态上两性差异不是很大。

①看体色：许多雄蛇体色暗淡、模糊，且性情凶猛、暴躁；雌蛇则性情温顺，体色鲜艳，用手触摸较柔软。

②看头部：雄蛇发怒时头部会呈明显的三角形，雌蛇头部则多见椭圆形。

③看有无性交接生殖器：雄蛇在肛门以下2～5厘米处藏着1对性交生殖器（即蛇鞭），尾部显得比雌蛇粗壮。雌蛇的尾部大多从肛门后至尾梢逐渐细一些。

（4）体重：选择种蛇一定要体长、健壮。选购引进种蛇的规格大小一般小型品种宜每条100～200克，中型品种每条150～350克，大型品种每条250～600克。

对于肉眼暂时难以判断优劣的蛇，可先隔离试养一段时间，并密切观察其活动状况或进食情况。在确认健康无病后，才能将种蛇放入已事先消毒好的蛇场内集中饲养，反之应及时处理或淘汰。

第2节 种蛇的运输

种蛇的长途运输是很多养蛇户感到棘手的事情，因蛇大多胆小怕惊、不堪挤压，也有的蛇性情暴躁，在运输途中可能会咬斗受伤，从而影响做种的质量。再者食物和饮水供应不及时，或途中装蛇的容器内温度、湿度过高或过低时，均会造成种蛇的死亡。为了帮助大家解决好这个难题，下面介绍种蛇运输的方法和注意事项，供大家参考。

一、运输工具

现在的交通及交通工具都很方便,远途运输不妨考虑空运,用尼龙网袋装好,10千克左右,外用透气的专用蛇箱封装,办理二类鲜货保运手续。这样虽然费用稍微高一点,但由于直接缩短了运输时间,种蛇运至目的地的成活率相当高。

若运输距离不算太远,可以考虑汽车运输;如果只有百余公里,携带的数量不是太多,可以乘客车人货同行。活蛇不宜使用托运业务,以防不测。

二、装运工具

主要有木箱、铁丝笼、竹笼、布袋、尼龙网袋、塑料周转箱等。这些装蛇器具各有优缺点,可以根据蛇的品种、数量或距离远近的实际情况来选用。竹笼轻便,但容蛇量较小(也可在竹笼中间插上几块厚薄适中的结实竹坯做成上下两层,以此扩大容蛇量),并易在途中破损,故适于短途运输。布袋虽然携带轻便,但装蛇的数量极其有限,若用于长途运输也易磨损,所以也适合短途装运。尼龙网袋装蛇较布袋多些,并且耐磨结实,但它透明怕火,外面最好再罩一层编织袋或麻袋为好。木箱、铁丝笼虽较牢固,运输安全,破损率也很小,但造价稍高,用作长途运输是比较可靠的。为了保险起见,可先用透气好的布袋或尼龙网袋把蛇装好,再放入木箱或铁丝笼中,这样虽然比较麻烦,但运蛇途中非常安全、可靠,绝不会出现跑、漏、挤压蛇的现象。一般尼龙网袋比较结实、透气,可作为第一层装蛇工具,外面再罩一层编织袋,倘若蛇类的数量较大,为了避免挤伤袋内的蛇,可将装入尼龙网袋的蛇放在塑料筐里,然后再连框装入稍大一些的编织袋内,最后码排摆放即可。蛇袋一般长0.9~1米,宽0.45~0.6米,这样的蛇袋可装眼镜蛇7.5~9千克/袋,五步蛇10~12.5千克/袋,乌梢蛇8~10千克/袋,黑眉锦蛇10~12.5千克/袋,王锦蛇12.5~15千克/袋,赤链蛇9~12.5千克/袋,水蛇12.5~16千克/袋。春秋季节可适当多装,夏季装蛇应减至一半以下才行,否则会成批热死,造成不应有的损失。塑料筐可到塑料制品销售点购买,尼龙网袋和编织袋可到批发市场购买材料自己缝制,也可买缝制好的成品。

另外,还可用装鲜鸡蛋的塑料箱或专用蛇周转箱(市场有售)装蛇。这两种工具除透气、牢固外,规格尺寸一致,便于码垛装运,适于大批量的运输。方法也是先将蛇装入布袋或尼龙网袋中,再放入上述箱中。水果专用泡沫周转箱也是装运蛇类的好工具。

三、种蛇装箱或装袋注意事项

装蛇的地点要选在光线充足、宽敞明亮的地方,这样人眼可以很清楚地看到蛇,但是蛇却恰恰相反,因为大多数蛇类的视觉适应于阴暗环境而畏明光,其活动能力会明显减弱。

装蛇时必须将毒蛇与无毒蛇分开装,不同种类的毒蛇也应分开包装,蛇的规格大小最好相等(同一包装内),以防途中发生大蛇吞吃小蛇的现象。

若原来的装蛇工具中毒蛇与无毒蛇混装,需分开时,应先取出毒蛇后再取无毒蛇。取毒蛇最好使用长柄蛇钳或者戴上革制的长筒皮手套。装运某些凶猛的毒蛇时,可先用医用胶布或透明胶带将其上下吻缠绕贴牢,使蛇可以将舌头伸出口外,这样既不影响呼吸,又使它无法张口咬人。运输眼镜蛇与眼镜王蛇时,千万不能在一起混装,不然途中会相互咬斗致伤,甚至会出现蛇吃蛇的现象。

蛇过箱或过袋时,如遇天气特别闷热,应转到阴凉的地方操作,以防蛇因热而暴躁,导致伤人事件。

在装蛇前仔细检查蛇袋,种蛇在装袋前应逐条检查蛇的外观质量,发现个别瘦弱蛇、不理想或"掉包"的蛇应拣出来,再作最后的质量把关,避免花钱买来劣质蛇。装蛇后,务必整齐地扎好袋口,再配上透气的外包装就可以了。多数量、多品种地运送种蛇,应在箱外做好标记,以便于查明箱或笼内的蛇种和数量,并在箱外或笼外加锁,以确保安全。

四、运输途中的注意事项

无论装运哪类蛇和运输的距离远近,都应养成装蛇前先检查蛇袋及其他包装的习惯,发现有断缝或破洞时应及时修补。因蛇类的伸缩能力很强,即便是手指头大小的小洞,也会引起蛇的逃逸;要是包装袋上的缝线磨破或开裂了,那由此造成的损失更大;有时还会因蛇窜进驾驶室造成重大交通事故。

转运前要停食 10 天左右,因途中排便无法处理,致使运输途中的小环境严重污染。因蛇粪便所含尿酸成分较多,蛇在这种恶劣的环境中往往难以忍受,少数会因尿酸气味中毒而死亡。

运输途中为了尽可能减少种蛇的死亡率或致伤率,确保种蛇的健康与安全,应及时供水、供食(短途一般不需要)。气温高时应设法保证箱内、笼内凉爽通风,气温较低时要及时加盖保温物品。

对运输途中发生病、死、残、伤的种蛇应及时处理或做临时性的加工。运蛇途中必须有两人以上随车押货,这样不仅便于照看蛇类,万一路上有什么闪失,也会相互有个照应,拿出应急措施,确保种蛇安全到达目的地。对蛇类有伤害的物品不能与蛇同车运输,如化肥、农药、汽油、柴油、油漆、香蕉水、雄黄及气味较重的中药材等。

盛夏运蛇时,尽量将跑车时间放在凉爽的夜间或一早一晚,连阴天是运蛇的大好时机,但雨天不宜运输(小雨不妨碍),以免灌死种蛇。开车前,最好将盖蛇的篷布淋上水,以保持运输途中的湿度。但运输途中或抵达目的地后均不要向蛇箱洒水,更不能用大量的水冲洗或浸泡。因蛇是变温动物,夏季天气较热,蛇的体温也高,如果突然以凉水冲洗蛇体,致使蛇体温急剧下降,会引起蛇患呼吸道疾病而死亡。盛夏长途运蛇时一般2~3天就得倒箱一次,春、秋两季一般7~10天内不必倒箱。所以,人工养蛇最佳引种季节是在春秋两季,那时的天气不冷不热,正适合蛇类的短、长途运输。

冬季是蛇类的冬眠期,目前国内还没有大规模打破冬眠期养蛇的场家,再者冬季根本无种蛇可运,更不是初养者养殖的引种季节。若冬季有售种单位的人告诉你或从其他渠道得知:他可以出售种蛇,冬季养蛇可以如同其他季节一样轻松、简单,且南北皆适,毫无疑问,那肯定是骗局。但冬季由于蛇价猛涨,加之冬季又有食蛇进补的习惯,商品蛇的交易反而较其他季节活跃很多。

蛇运至目的地后,在放入养蛇场之前还必须经过严格的检疫,以防带菌蛇将传染病带入蛇场。检疫工作可由专门的防疫部门执行,也可由现场兽医承担。

第4章 蛇饵料

各种蛇吃的动物性食物与其栖息的环境相联系,这和小动物的地理分布有关。即使同一种蛇在不同的地区,不同的季节,成体和幼体的食性也有所不同。人工养蛇提供丰富的食物是养好蛇的关键。

第1节 蛇类的食性及饵料种类

蛇类是肉食性动物,喜食各种活体小动物,如青蛙、蟾蜍、老鼠、鸟类、蜥蜴、泥鳅、黄鳝、小杂鱼、鸡雏等,极少吃死的或腐败的动物。蛇类的食物品种虽然比较广泛,但不同的蛇种对食物的喜好各不相同。因此,我们必须要了解、摸透所养蛇类的食性,然后根据所养蛇种的不同,投放适口的食物,供其自行捕食。

一、活体饵料

蛇是以肉食性为主的爬行动物,其饵料来源广泛。蛇进食方式主要为吞食,它可吞食比其头大好几倍的小动物,而且蛇的眼睛易于发现活动的物体,原则上要投喂活的小动物,下面介绍常见饲养品种的食谱,供大家参考。

各种水蛇:泥鳅、鱼、黄鳝。

黑背白环蛇:蜥蜴。
双全白环蛇:蜥蜴、老鼠及蛇。
细白环蛇:蜥蜴。
游蛇:鱼、蜥蜴、蛙。
翠青蛇:蚯蚓、树蛙及昆虫的幼虫。
山溪后棱蛇:蚯蚓。
横纹斜鳞蛇:蛙及蜥蜴。
乌梢蛇:蛙、鱼(幼体也捕食小昆虫)。
滑鼠蛇:蟾蜍、鼠、鸟及蜥蜴。
灰鼠蛇:鼠、蜥蜴及蛙。
黑头剑蛇:蛇、蜥蜴。
双斑锦蛇:老鼠、蛋、鸟。
玉斑锦蛇:乳鼠、老鼠及蜥蜴。
紫灰锦蛇:老鼠(尤喜乳鼠)。
白条锦蛇:老鼠,个别也接受蛙类。
红点锦蛇:老鼠、泥鳅及蛙类。
王锦蛇:老鼠、蛇、蜥蜴、蛋、蛙类。
赤峰锦蛇:老鼠、蛋。
黑眉锦蛇:老鼠、鸟、蛙类。
灰腹绿锦蛇:老鼠。
百花锦蛇:鼠及蛙类。
三索锦蛇:鼠、鸟、蜥蜴及蛙。
绿瘦蛇:树蛙及蜥蜴。
绞花林蛇:小鸟、鸟蛋、蜥蜴。
金花蛇:蛙、小鸟、小鼠。
舟山眼镜蛇:老鼠、蛙类、蟾蜍、蜥蜴、蛇、泥鳅(食性较广泛的毒蛇)。
中南半岛喷毒眼镜蛇:鼠、蟾蜍。
眼镜王蛇:蛇(幼体也捕食蜥蜴)。

银环蛇:泥鳅、蛇、蛙类和鼠。

金环蛇:蛇、蛇蛋、蛙、蜥蜴和鼠。

莽山烙铁头:主食鸟类。

短尾蝮:鱼、泥鳅、老鼠及蛙。

尖吻蝮(五步蛇):老鼠、蛙、鸟。

圆斑蝰:老鼠、鸟类。

福建竹叶青:乳鼠、青蛙。

白唇竹叶青:鼠类。

丽纹蛇:蛇类。

青环海蛇:鳗鱼和其他小鱼。

二、人工合成饲料

从总体上讲,蛇类是不喜欢人工合成饲料的。因蛇类喜欢捕食活体的小动物,而人工给蛇类配制的饲料多为动物的下脚料,如猪肺、鸡肠、猪肉、牛肉和鸡蛋等,这些都不是蛇类所喜食的。但有时饲料短缺了,临时又供应不上蛇食,可以把绞碎的人工配合饲料给蛇类强行灌喂,但时间不宜过长,否则易导致消化不良,引发肠炎和口腔炎。

(1)配方

①将150克畜禽肉或动物下脚料用绞肉机加工成肉泥(刚死亡的大蟾蜍或老鼠也可),加入蛋液150克,大豆粉150克,凉开水50克,复合维生素B 3片和土霉素5片研末拌匀,调成稠糊状灌入肠衣内,制成香肠,拌以气味剂,诱导蛇进食。为了使蛇易于观察,采用震动饲料台,或在颗粒饲料中间放入几条泥鳅、蚯蚓,带动颗粒饲料活动。

②禽畜(或当天用鼠夹夹死的老鼠)肉带骨头300克,生鸡蛋300克,大豆粉300克,土霉素片10片(研粉),凉开水100克。将禽畜肉用绞肉机加工成肉泥,加入生鸡蛋、大豆粉、土霉素粉拌

匀,再加入凉开水,使配合饲料呈稠糊状即成。

(2)饲喂方法:将蛇提起,左手从两侧持蛇颈部,用力以既能控制蛇体便于操作,又不捏伤蛇体为度,将一大号注射器用开水烫10分钟后,右手持注射器(不用针头)抽进糊状饲料,伸入蛇口将合成饲料徐徐注入蛇口,待蛇吞下,再注射第2次。操作时,注意既不要碰损毒牙,又不要被毒蛇伤到手指。

(3)时间和喂量:视蛇大小每条毒蛇1次饲喂5~10克,每周1次,每月不超过6次。

第2节 投喂方法

一、蛇类的摄食规律

蛇类从4月到11月这段活动期中摄食大致有这样的规律:如果把4月份蛇的摄食量看作1份的话,那么在蛇类刚出蛰的前期,也就是5月份是1.5~2.5份;6月基本与上月持平,维持在2.5份;7月的天气最闷热,蛇的摄食量有所下降,降至2~2.3份;8月是初秋,天气仍很热,摄食量同7月份;到了秋高气爽的9、10月份,冬季将临,蛇类需大量进食贮存丰厚的脂肪,以渡过漫长的冬眠,因此蛇的摄食量猛增至3~5份。11月份的天气已渐冷,月初时蛇仍猛进食,但到临近冬眠前的20天左右,蛇的摄食量明显减少,甚至不再进食,故11月份的进食量仅为3份左右。

确实了解、掌握了蛇类各月份的进食规律,我们就要设法满足其对食物的需求,这是养好蛇的基础和关键。饲喂人员应充分遵循蛇类的进食规律,做到合理、按时、足量、科学投喂。

二、消化特点

蛇消化食物的速度很慢,每吃一次要经过 5~6 天才能消化完毕,消化的高峰多在进食后的 1~2 天。蛇的消化速度与饲养环境有直接关系,当温度达到 25~28℃时,消化最快;低于 15~18℃时,消化缓慢;低于 10℃时,则不吃食物,给其强行填食也不消化,很快便吐出来。蛇在不太饥饿的情况下,一般不捕食;30℃以上进窝栖息不动,直至温度适宜方才出窝觅食。

三、饵料投喂前的处理

所有进场食物除必要的消毒外,还要再注射一些防病、驱虫的药物,预防蛇生病。

为保证蛇吃进去的食饵营养丰富,没有寄生虫及其他疾病,蛙、鼠、小鸡等在投喂给蛇之前要打预防针(左旋咪唑 2 支,地塞米松 5 支,维生素 B_{12} 1 支,兑注射用水 100 毫升,打 200~250 只蛙、鼠或小鸡),可起到预防作用。

给这些鲜活小动物打针很有讲究,最好使用可调连续注射器(兽药店有售)。因普通注射器小剂量的给药不好调。通过实践操作发现,小鸡打针的部位应在鸡脖上面行皮下注射;蟾蜍打在肌肉丰满的大腿内侧;老鼠打在大腿外部或臀部,饲料蛇打在脊背处的心脏以下部位即可。如果养殖的数量较少,在不值得购买可调连续注射器的情况下,一定要严格掌握给药剂量,千万别随意给药。

1. 投喂老鼠的处理

老鼠是蛇类喜食的饵料之一。以鼠喂蛇不仅可以保护农业,更满足了蛇类的生长所需。捉到或收购到的老鼠在经药物防疫后,千万不能随便丢到蛇场里去,应用手钳拔掉两颗大门牙,用剪刀剪掉两个前爪(但不是前腿)。这样,一来可避免大老鼠自恃体大力凶,吞食或咬伤体质瘦弱或幼小的蛇;二来可防止老鼠用锋利的前爪打洞外逃,从而引发蛇群沿鼠洞集体外逃。

因为老鼠本身携带多种病原体和寄生虫,潜伏期比较长,若被一些体质瘦弱的蛇吞食,加之其本身免疫能力很弱,病菌一旦寄生在瘦弱蛇体内,其后果不堪设想。特别是由投喂老鼠引发的蛇体内寄生虫蔓延,在防治上更是令人担忧。鉴于上述这些情况,最稳妥的解决方法就是将抗生素和驱虫药在投喂前先给老鼠注射。

2. 投喂小杂鱼的处理

在喂蛇食物出现青黄不接的情况下,除填喂人工饲料外还可以给蛇类适当投喂一些价格低廉的淡水小杂鱼,以弥补食物上的短缺。投喂的小杂鱼可以是活的,也可以是死的。小杂鱼最好是当天捕获、比较新鲜的,变质变味的不能投放。在投喂前,应用清水先将小杂鱼清洗干净、控干水分。投喂时,将小杂鱼放在地板砖上或编织袋上,切忌将小杂鱼直接倒在地面上;投喂时间宜定在傍晚,要养成定点定时的好习惯,便于蛇出窝后便能寻找到食物。具体的投喂量可以蛇当日的吃食量为准。

另外,在食物比较单一或蛇类的捕食高峰期,适当添喂一部分小杂鱼,对蛇类生长还是十分有利的。

3. 投喂蛋类的处理

一般来说,各种蛋壳的外壳上都不同程度地带有病菌,只是我们的肉眼看不到。如果在投喂前不进行彻底消毒,不但影响蛇类的正常食欲,而且还会将多种病菌变相传染给体质较弱的蛇。因此,蛋类在投喂前必须进行严格消毒。

蛋类消毒时,可用5%的新洁尔灭原液,加50倍的水配制成0.1%的溶液,用喷雾器喷洒其外壳后即可投喂。还可用漂白粉溶液消毒,将蛋类浸入含有1.5%活性氯的漂白粉溶液中3~4分钟捞出。值得注意的是，此种消毒方法必须在通风处进行。碘液消毒法也很方便可行，将蛋类置于0.1%的碘溶液中浸泡0.5~1分钟捞出即可给蛇投喂。

四、投喂方法

主要根据蛇的种类、年龄、性别、大小或各种蛇采食量的不同而灵活掌握，每次投食后要密切观察其采食情况，以便及时调整下次的投喂时间和数量。至于蛇的食量究竟有多大，以黑眉锦蛇为例，在它的活动期内，每月每条蛇平均投喂蛙类或鸡雏的重量要超过其自身的体重，才能维持其正常的身体消耗。

1. 投喂时间

在蛇类的活动季节，也就是4~11月，除白天进食的蛇类外（如乌梢蛇等），其余均在太阳落山前或傍晚投喂比较好。人工养殖状况下，蛇一般在凉爽的夜间出来活动和觅食，于翌日清晨爬回窝穴内。此外，还应根据当天的温度来掌握是否投食，若外界气温低于15℃，暂时不要投食；待气温回升到20~29℃时可投喂；高于30℃以上时，蛇类基本上不吃食。

2. 投喂地点

根据养蛇经验发现，蛇有顺墙根爬行的习惯，特别是蛇场围墙的拐角处更是它们长时间逗留的地方。此外，蛇窝附近、水池或水沟边，均是蛇出没的地方。由此可见，蛇经常出没、逗留的墙角处是最佳的投食位置。若两处墙体之间距离不是太远的话，不妨中间再设置1~2个投喂点；蛇窝或近水边也零星设置几个投喂点。这样，久而久之，蛇便会本能地爬到投喂点去吃食了。无论在蛇场的哪个位置设立投喂点，食物均不能随便放于地面上。可将食物放在干净的地板砖、大茶盘、塑料薄膜或编织袋上，这样不仅方便卫生，而且便于日常清理。

3. 投放量

蛇类的食量究竟有多大,目前还没有较为完整、准确的统计资料。主要根据蛇的种类、年龄、性别、大小和各种蛇采食量的不同而灵活掌握,每次投食后要密切观察其采食情况,以便及时调整下次的投喂时间和数量。一般认为在蛇类的活动高峰期,也就是每年的8~10月,其每月的进食量约达到自身的体重。如一条体重约350克的赤链蛇,每月可吞250~350克重的饵料,相当于2个大蟾蜍。因此,在蛇类的进食旺季,应备足、备好蛇类喜食的饵料。部分蛇的投饵周期和投饵量见表4-1,喂养其他蛇种亦可以此类推。

表 4-1 部分蛇投饵周期及投饵量

蛇名	饵料名	投饵周期(天)	投饵量(只、条)
赤链蛇	鼠	7	3~5
白花锦蛇	鼠	7	4~5
黑眉锦蛇	鼠	7	4~5
王锦蛇	鼠	7	4~5
玉斑锦蛇	鼠	7	2~3
红点锦蛇	鼠	7	若干
棕黑锦蛇	鼠	7	3~5
水赤链锦蛇	泥鳅	7	2~3
虎斑游蛇	泥鳅	7	3~5
翠青蛇	蚯蚓	7	若干
灰鼠蛇	鼠	7	2~3
滑鼠蛇	鼠	7	4~5
乌梢蛇	小鱼、泥鳅	7	若干
中国水蛇	泥鳅	7	若干

续表

蛇名	饵料名	投饵周期(天)	投饵量(只、条)
铅色水蛇	小鱼	7	若干
金环蛇	红条锦蛇 白条锦蛇	7	1～2
银环蛇	泥鳅 红点锦蛇	7	若干 1～2
眼镜蛇	鼠	7	2～3
眼镜王蛇	灰鼠蛇	7	1～2
青环海蛇	小鱼	7	若干
蝰蛇	鼠	7	4～5
蝮蛇	鼠	7	2～3
尖吻蝮	鼠	7	3～5
竹叶青	鼠	7	2～3
烙铁头	鼠	7	1～2

第5章 饲养管理

人工养殖蛇类应有一套完整、科学的管理制度和合理、可行的饲养方法,这样才能不断提高养殖水平,使所养殖的蛇类长势快、繁殖多、成活率高,从而获得良好的经济效益。

第1节 种蛇的管理

对于养蛇场来说,种蛇的培育工作非常重要。因为它涉及繁殖成活率、种群质量和种群数量的提高以及经济效益的好坏。

一、种蛇入场前的工作

种蛇入场前应对蛇场、蛇窝及墙体进行彻底消毒,特别是由其他场舍改造而成的蛇场,更应该多消毒几次,以防潜伏病菌危害蛇群健康。此外,蛇场内的水沟、水池应提前注入清洁干净的饮用水,有条件者还可将鲜活食物也一同放入,力求蛇一进场便能有饵料吃,促其尽快适应新的环境。种蛇入场前一定要先行"药浴",消毒后方可放入蛇场。

1. 蛇入场前场舍的消毒

若在种蛇入场前使用蒸熏氧化消毒法或混合泼洒法消毒,会起到事半功倍的效果。

(1)熏蒸氧化消毒法：高锰酸钾1份、甲醛2份、瓷制容器数个备用。由于此消毒药有较强的异味和刺激性，操作时操作人员须戴口罩，以免被呛中毒。将备好的甲醛倒入瓷器内(忌用金属制品)，然后将高锰酸钾快速倒入并马上撤离，因为升腾的速度较快，操作人员必须手脚利落、动作敏捷。一般一个面积为300～400平方米的立体养殖场需放置三个熏蒸点，即多层立体式地下蛇房一处，其余两处分别放置在蛇场的南北或东西方向即可。此种消毒法在消毒过程中，场内的烟雾浓度、温度、湿度越高，消毒效果就越好；有条件者可采用支架盖膜、密封消毒，其效果比露天消毒更彻底。

(2)混合泼洒消毒法：取1‰～2‰的烧碱溶液与15‰～20‰的生石灰溶液混合搅匀后，直接泼洒消毒，其消毒效果好于上述单独使用的喷雾消毒法。该消毒液对金属的腐蚀性强，切忌用金属器皿盛装，消毒后的用具需再用清水冲洗干净。

2. 蛇入场前的"药浴"

因种蛇从异地运来，大多包装比较拥挤，这样皮肤交叉感染的现象比较严重。一旦随便放入蛇场，会增加许多疾病隐患，给日后的正常管理工作带来许多不必要的麻烦。为此，必须在种蛇入场前做一番洁肤处理，彻底消除由此而引起的皮肤疾患。具体的操作方法是将种蛇整袋放入清水中冲洗几次，直至水清为止，然后选择下列药方，将蛇袋浸泡3～5分钟即可放入蛇场。

(1)取四环素、黄链素或土霉素各4～5片，研碎后加入硼酸10克，用500克温开水化开搅匀后凉至室温，将用清水冲洗过的种蛇袋放入药液中浸泡。若种蛇的数量较大，可参照此药液的比例配好，将药水直接放入大盆或水池中浸泡。

(2)取土霉素10片研末，放入高锰酸钾溶液中，搅拌均匀即可使用。高锰酸钾和土霉素均可单独使用。

(3)取20万单位庆大霉素一支，打开封闭口，直接将药液兑入事先准备好的清水中便可浸泡。

(4) 取新洁尔灭溶液,用原装瓶盖做量具,倒出一瓶盖药液兑入一大盆清水中,然后再放入研碎的左旋咪唑 1 片共同搅匀,供蛇洗浴。

(5) 取土霉素 5~6 片,敌百虫 1~2 片混合研为细末,直接兑水给蛇清洗。

值得一提的是,无论采用哪种洗浴方法,发现药水一旦变得浑浊不清时,应立即更换。浸泡时应不断翻动蛇袋,这种人为的骚扰行为,可有效避免蛇类误将药水当成饮用水饮入腹中。

3. 种蛇入场前灌喂复合维生素 B 溶液

刚引进的种蛇由于在运输过程中受到一定刺激,或由于短时间内难以适应新的环境,常会出现拒食现象,蛇体会因营养不良变得明显消瘦,重者则因饥饿过度而死亡。

对新引进的种蛇,适当喂点"开胃汤"可有效预防拒食现象的发生。具体的做法是:种蛇到场后 2 日内不给水、食,放僻静处关养,待到第三天可用复合维生素 B 溶液 1 份加冷开水 10 份,给种蛇集中饮用,必要时采用人工灌喂。种蛇喝此"开胃汤"后,应尽量投放适口多样化的食物,供种蛇自行捕食。

4. 种蛇打预防针

蛇类自身的免疫系统比较强,它本身也没有大面积的瘟疫传播,但由于人工养蛇放养的密度比较大,给所引进的种蛇提前预防和药物防疫就显得十分重要。预防的方法是将消炎、驱虫、营养成分混在一起,给蛇打针。具体的药物配方为:左旋咪唑 2 支,地塞米松 5 支,维生素 B_{12} 1 支,兑注射用水 100 毫升,可供 50 条(每条 1 千克左右)蛇注射,一般连续注射 2 次即可。

二、种蛇入场后的管理

1. 放养密度

一般小型蛇每平方米可投放 7～8 条,中型蛇投放 5～6 条,大型蛇(1 千克左右的)投放 2～3 条。实践证明,这个投放密度比较合理,不会产生拥挤感,能够保证种蛇的正常生长和发育。

除此之外,蛇类还可以按季节合理调配饲养密度。如在比较凉爽的季节里,密度可以适当增高,但一般不宜增长超过 50%。夏季最好不要盲目添加存养数量。

2. 供水

种蛇的饮用水要洁净,特别是夏季,由于蛇的活动频繁,需要的水较多,必须保证供给。

3. 种蛇入场后的人工填喂

对于刚刚购来或捕来的蛇,不要急于进行人工填喂。刚刚购来或捕来的蛇对新环境不熟悉,不能适应,并有畏惧心理,即使投喂给鲜活食物它也不一定吃,若此时强制填喂,会适得其反。经过一段时间后(15～20 天),发现仍有自己不主动捕食的蛇,方可采取人工填喂。填喂时,大型蛇类最好三人协同操作,一人抓头,一人抓身体,一人抓尾;中小型蛇类只需两人即可,一人抓头尾,一人掰开蛇口用大号注射器进行填喂。填喂时动作要轻柔,切不可粗鲁蛮干,以免弄伤蛇口腔或弄掉蛇的毒牙。食物填入口腔后便滑入食管道,这时用大拇指顺蛇腹慢慢将食物推入蛇的胃中,以防蛇把刚填喂的食物倒吐出来。喂完后将蛇拿到远离蛇窝的地方,放蛇落地时应先放头,后放尾,使其慢慢爬回蛇窝或看它爬行一段距离。对填喂后不主动爬行的蛇,可用刺激其尾或肛门的方法促其爬动,这样可借助身体的蠕动使填喂物顺利进入胃里。人工填喂宜 7～10 天一次。强行填喂会使蛇类受到很大的刺激,故在填喂前可将少许搅匀的鸡蛋液先行灌下,使其食道受到润滑而便于顺利吞食。

此外,还有一种比较容易配制的填喂配方,就是用鲜鸡蛋或鲜鸭蛋(因部分蛇有食鸟蛋的习性)1枚、钙片2片、鱼肝油丸1粒和适量维生素、面粉等充分搅匀后,直接进行人工填喂。配制的混合饲料最好是现用现配,不能放置太久,特别是在气温较高的夏季。若用精牛肉、瘦猪肉来进食,可用搅肉机搅碎后直接填喂。

由于人工填喂均系强制性进食,蛇类虽能勉强接受,可是以此大规模、长时间地解决蛇类食源,是不可取的。毕竟有一定的难度和局限性,在这方面,国内外至今尚无良好的解决办法,还需做进一步的探讨与研究。

4. 保持环境安静

种蛇入场后,除固定进出的饲养人员外,其他闲杂人员或陌生人一律谢绝入内。因蛇类的嗅觉系统特别敏感,对不熟悉的异味有本能的排斥行为。此外,尽量保持蛇场周围的环境安静,检查蛇场四周是否有天敌存在等,这些均是种蛇入场后要做好的辅助工作。

5. 清洁

蛇场要经常进行打扫,保持卫生。蛇窝里的垫草和垫土要定期更换,以保持蛇窝干燥。

6. 查病

经常检查种蛇的健康情况,发现个别蛇的活动异常或爬行困难,鳞片干枯松散,喜欢独栖,不愿归窝,应及时移出场外进行隔离,并给予积极治疗或相应处理。待治好后才能重新放归。

7. 消毒

定期使用消毒药剂进行消毒。盛夏季节每7~10天消毒1次,其他季节每15~20天或1个月消毒1次。

第 2 节 蛇类的繁殖、孵化

蛇类由野生变成家养，搞好蛇类的人工繁殖是至关重要的。衡量一个蛇场是否办得成功，饲养固然是一个方面，而繁殖和养育幼蛇更是关键。因为，这不仅涉及养殖场的"今天"，还关系到养殖场的"明天"。

一、蛇的繁殖方式

蛇类的繁殖方式有卵生或卵胎生两种，而我们通常饲养的蛇大多数是卵生繁殖的，如乌梢蛇、王锦蛇、赤链蛇、黑眉锦蛇、黄脊游蛇、金环蛇、银环蛇、眼镜蛇等。也有一部分蛇是卵胎生的，卵胎生蛇类的本质也同卵生，所不同的仅是在卵受精以后，没有从母体排出，而是停留在母体的输卵管下端的"子宫"里，等受精胚胎在母体发育成幼蛇后才产出。

二、蛇的求偶交配

蛇和其他动物一样，也是通过繁殖产生后代，以保持种族的绵延。

1. 蛇类性成熟

蛇类自幼体到性成熟，通常要经过 2～3 年时间。一般来说，蛇类性成熟的规律是：雄性蛇较雌性蛇早，小型蛇比大型蛇早，热带蛇比寒带蛇早，无毒蛇比有毒蛇早。毒蛇大多要 3～4 年性器官基本发育成熟，比无毒蛇至少晚 1～2 年。

2. 发情

雌蛇发情时,皮肤和尾基嗅腺能散发出一种具有强烈特殊气味的分泌物,雄蛇会嗅到此气味而追踪雌蛇。开始时,先是雄蛇追逐雌蛇,不时地伸出舌头,并不停地嗅雌蛇的身体,尤其是嗅其尾端的泄殖孔,该处有褐色的黏性分泌物渗出,具有特殊的气味,这对引诱雄蛇有很大作用。直径约半公里内的雄蛇会闻气味而至,通过气味能正确识别对方,这就是求偶行为。

3. 饲喂

发情后雌雄蛇都摄食较少,这期间可投放它们喜欢吃的食物,但数量不宜太多。这期间不能缺水,一定要保证足够的饮水,饮水中最好添加少许0.5%的食盐水。同时要保持蛇窝内的温度维持在20~25℃,相对湿度50%~60%,而且要保持安静,只有这样才能顺利完成配种。

4. 交配

在蛇园内安排一定的隔离区,或养在蛇房、蛇池中,将雌雄蛇放在一起饲养。每群中雌雄蛇的比例一般为(5~8):1,这样的比例既可以保证雌蛇能配上种,而且不会浪费雄蛇。

处在发情阶段的雌雄两蛇相遇后,先是雄蛇伏于雌蛇背部,并用尾巴缠靠过去,待两蛇缠绕在一起,往往要经数次反复才完成交配。蛇交配,民间称"蛇绞绳",两蛇缠成之后,雌蛇一般伏地不动,尾部腹面略向雄蛇倾,雄蛇就会伸出交接器来(雄蛇虽有两条交接器,但交配时仅用其中的一条)纳入雌蛇的泄殖肛孔内。此时两蛇相互缠绕似油条状,彼此头部远离,尾部紧靠在一起。若稍受惊扰,两蛇也是相当默契地同时移动。不过,有时雌蛇会突然逃离或两蛇受到惊吓时而各自分开,由此而造成的雌蛇大出血常有发生。这就要求在人工饲养条件下,蛇场内或周围无噪音、无干扰。蛇交配时间的长短,差别颇大,一般只有几分钟,但也有很长的,例如红点锦蛇,可长达20小时以上。射精时雄蛇的前半部身体剧烈抖动,完成整个交配过程。

交配过后,应将雌雄蛇分开饲养,因为雄蛇一般比雌蛇个体大,性情凶猛,此时雌雄蛇还共养的话,雄蛇不但与雌蛇争食,有时还会吃掉雌蛇;还会干扰怀孕雌蛇的休息,甚至会将产下的蛇卵吃掉。这时应把雄蛇放入其他未交配的雌蛇池内,让雄蛇和其他雌蛇交配,配种完成后将雄蛇放回蛇园。

在饲养过程中,有人担心多种蛇的混养(王锦蛇除外),会出现种类杂交的现象,其实这种担心是多余的。在野外环境中,蛇的种类虽然繁多,但各自都保持种类的完全独立性。这是蛇类繁殖习性与众不同的一大特点,始终存在着种类的生殖隔离。不同种类的蛇一般不进行交配,因此根本不存在杂交型的混种蛇类。是否可以通过人工养殖来使其杂交,获取中间型的蛇类呢?到目前为止尚未见到这方面的文字报道。

三、雌蛇的产卵(仔)

交配受孕的雌蛇最好单独在蛇箱、蛇池内饲养,避免互相干扰。每天供给其最喜欢吃的饵料,提供充足的营养。饵料一定要无污染、清洁、干净、不发霉、不腐败,保持环境安静,以便胚胎有良好的发育条件,不至于早产。

蛇的交配大都在出蛰后到5、6月之间进行,例如眼镜蛇、蝮蛇在5月交配,黑眉锦蛇、铜腹水蛇、草原响尾蛇在5、6月交配。产卵绝大多数在6~8月,例如红脖游蛇、细白环蛇、金环蛇在5月产卵,滑鼠蛇、玉斑锦蛇、银环蛇在6月产卵,紫灰锦蛇、黑眉锦蛇、双斑锦蛇、三索锦蛇、王锦蛇、灰鼠蛇、花脊游蛇在7月产卵,横斑游蛇、虎斑游蛇、山溪后棱蛇、眼镜蛇、五步蛇、环纹游蛇、福建颈斑蛇等在6~8月产卵。卵胎生的蛇产仔多在7~9月,亦有晚到10月的。蛇在春季交配,夏季产卵或产仔,这对于蛇类的生存是有利的,因为这样,幼蛇才有较长的时间摄食和生长,使体内积存充足的能量,以度过第一个寒冬。显然,这是蛇类在繁殖上对于环境的一种适应性。蛇也有在其他季节交配的,例如银环蛇的交配期在 8~10 月,五步蛇在 9~11 月,但它们要到第二年夏天才产卵。

依据蛇类品种的不同,其产卵期亦明显不同,南北也形成了参差不齐的时间差异,即南方蛇产卵时间早于同种的北方蛇类,约提前 15~30 天左右,且年年如此,周而复始。

1. 提高雌蛇产卵(仔)率的措施

维生素 E 是动物发育、繁殖的必需物质。蛇类如果缺乏维生素 E,除了会引起脑软化,反应迟钝,肌肉不发达,影响正常的生长发育外,还会影响受精率和出壳率,从而造成产卵(仔)率下降。因此,在孕蛇即将产卵(仔)的 15~20 天内,适量注射维生素 E 是很有必要的。如有必要,可在 7~10 天内重复注射,如能多几个部位依次注射效果还会更好。

2. 蛇类临产前的预兆

绝大多数蛇不会做窝,卵一般产在不冷不热、不干不湿、温湿度适宜于孵化的隐蔽场所。

从外表看,临近产卵(仔)的孕蛇身体后部特别粗糙膨大,且花纹因身体逐渐变粗而变形。孕后期时,蛇类腹内的卵数量清晰可见。临产卵(仔)时,孕蛇停止饮水、摄食,爬行速度特别缓慢,给人一种大腹便便的笨重感觉,它会本能地寻找理想的产卵(仔)场所,如墙角、蛇窝等隐蔽处。此时应注意观察雌蛇产卵的情况,不必投料,但要喂水,不可干扰雌蛇。

3. 产卵量

凡健康的雌蛇,产卵或产仔大多在较短的时间内完成,一般约在 1 天内可产完;体质较弱者则可延至 2~3 天,甚至更久。每窝所产的卵数,各种蛇差别很大,最少的 1 枚,最多的可达 100 枚以上。

4. 蛇卵的形状

健康蛇产出的卵大多为椭圆形,但也有的较长,有的较短(体弱蛇所产的卵大多卵壳较软或有畸形卵)。大多数蛇卵为白色或灰白色,没有保护色。蛇卵的壳比较硬,质地坚硬,富于弹性,不易破碎。刚刚产下的卵,因其表面有黏液,常常几个卵粘连在一起,形成卵块。

健康蛇产出的蛇卵形状大致一样,但大小却千差万别。蛇卵的大小(重量)跟蛇体大小有关。如银环蛇个头较小,其卵只有 20 多克/枚,大者超过 50 克/枚;蟒蛇体大其卵也大,从外观上看大于鹅蛋,每枚卵重量多达 100 多克,相当于一条雌性银环蛇和红点锦蛇的总产卵(仔)量。

5. 临产蛇难产的处理

可采取"舍大取小"的方法。发现难产蛇,应及时剖腹取出蛇卵,用事先消毒好的剪刀剪开胎衣并依次取出蛇卵,然后用干净的毛巾揩净卵上的黏液,待干燥后即可进行人工孵化。死亡的雌蛇若是乌梢蛇或银环蛇,可加工蛇干或泡制蛇酒,不会影响药效。

6. 蛇卵收集

产后雌蛇的体背后段脊柱两侧皮肤会出现较大的皱褶,这是产后蛇最显著的特征。刚产完卵(仔)的雌蛇不仅体重明显减轻,而且体质虚弱。刚产完卵(仔)的雌蛇一般不进食,继续消耗自身体内尚存的营养,但它产出后有大量饮水的习性,应及时予以满足,让其尽快得到补充。如果发现有护幼卵行为的雌蛇,最好用棍将其慢慢轰走,将卵拿出场外进行人工孵化,这样可促使雌蛇不因护卵而耽误进食,体质会在短时间内恢复如初。由于产后蛇体质虚弱,喷水降温时不宜将水洒在蛇体上,以免感冒引发肺炎,增加治疗难度。

在蛇的产卵期,应每天固定专人、定时到蛇园去收集蛇卵。蛇卵产下时是一个一个的,但等到专人捡卵时已经是连在一起的卵块,也有个别单独的卵,都应及时收集起来。若发现蛇卵产在水沟或水池里(极少数),捡出时不能和其他卵一块混放,因其被水浸透了,必须用干燥的毛巾将其擦干,待完全干爽时再放在一起孵化。拣卵时,如果发现个别发育不好、畸形的、干瘪的、有异味的、颜色不纯的卵,都应弃之不要。只有把好入孵蛇卵的质量关,才会有较高的孵化出壳率和成活率。

7. 注意事项

(1)导致孕蛇流产和早产的情况:孕蛇如果在产前出现流产和早产的现象,一般多由环境不良、管理不当和诸多疾病引起。如过多地引入陌生人入园参观,使其不能处在安静的环境中,卵泡没有得到良好的发育;饵料品种单一,营养不全,不被孕蛇所喜食。若发现孕蛇有病,应抓出来单独喂养。除正常的治疗外,还应将孕蛇放置在木板、棉絮、麻袋等保暖物品上,再配以适口饲料,孕蛇有望痊愈。另外,正在产卵的孕蛇如受到过分惊扰(不论健康与否),均会延长正常的产卵(仔)时间,重者甚至停止产卵(仔),而它体内剩余的卵(仔),约2周后便会自动消失,被肌体慢慢吸收。

(2)处在临产期的雌性毒蛇不能采毒:在雌蛇产卵(仔)前的半个月不能采毒,产后也应间隔20~30天左右,以利产卵(仔)和尽快恢复身体。对于卵胎生的蛇种,产前、产后的一个月内均不应取毒,否则易引起非正常的死亡,还会影响蛇卵(仔)及幼蛇的质量。

四、蛇卵的孵化

1. 种卵的选择

入孵的种卵,一定要新鲜、个大,卵形、卵色正常无破损。存放时间长的卵孵化率低,死亡率高,仔蛇体弱,生长发育缓慢。因此,雌蛇在产卵期间应经常进行检查,把产下的卵及时放入孵化器内孵化。

由于体质、环境、喂养、管理等方面的种种原因,个别雌蛇会产下少部分畸形卵,这类卵个小、不匀称、色淡、壳薄,不能孵出仔蛇,应及早将干瘪的蛇卵拣出,不要为此浪费时间。畸形的鲜卵虽不能入孵,但可以食用或药用,吃法跟鸡蛋一样,煮、煎均可,就是放汤喝稍有腥味,口感不理想。

2. 蛇卵的人工孵化

人工孵化蛇卵大多采用缸孵法(陶缸)或箱孵法(木箱),这两种孵化方法只是孵化工具的不同,操作技术和孵化出壳率都是一样的。

可根据蛇卵的多少来决定缸(箱)的大小。孵化前,先将缸移至阴凉、通风的地方,在室内或室外均可,但不能放到太阳光直射的地方。缸内先铺垫30厘米厚的经过消毒处理的垫土(沙与土的比例为3:1,消毒方法是将土直接放在阳光下曝晒或用火炒热即可)。湿度以手捏沙土成团,松开后沙土即散开为原则。然后将蛇卵横排于缸底的土面上,蛇卵切忌竖直排放,会影响正常的出壳率,严重的会导致幼蛇死于卵壳内。蛇卵一般排放到离缸口约30厘米为宜,为了使蛇卵保持新鲜湿润,可在蛇卵上覆盖一些苔藓或荷叶、梧桐叶等,覆盖物干枯后应及时更换新鲜的,于缸沿上吊挂一支干湿温度计,每周检查2~3次,使孵化温度保持在$20 \sim 32℃$,相对湿度60%~80%。最后将缸口用木板盖好或用纱窗网盖好,沿缸沿用细绳扎紧,以防老鼠、蝎子、蚂蚁等小动物对蛇卵的侵害。温度过高时,应把缸盖及时掀起透风几小时;温度过低时,宜将缸移到阳光下晾晒,但不能让蛇卵接受强烈阳光的直接曝晒。当缸(桶)内的温度低于17℃时,可用旧衣服、麻袋或木盖等将缸口(或桶口)盖上保温。温度高于25℃时,可往孵化缸内洒些水,但注意不要用水清洗蛇卵。

为了使孵卵缸内温湿度均衡,胚胎适当运动,每隔7~10天翻卵1次,若天气特别闷热,可2~3天翻卵1次。卵在翻动时应轻搬轻放,避免挤压与剧烈振荡。未受精的卵或死胎的卵放置较久后会变质而破裂,其溢出物污染其他卵,可使其他卵受到影响,所以在人工孵蛇卵过程中要注意进行验蛋,密切注意各卵内胚胎的情况。检查蛇卵的方法可在一木板上挖1个比蛇卵略小些的孔,把卵放在孔后,对着灯光或阳光观察。正常的卵胚可以看见脉管呈网状。如果蛇卵表面呈现的脉管不是网状,而是斑点状,1周后斑点不扩散,半月后卵壳变硬,随后卵壳外出现霉点,这种卵胚属于中期死亡,应予检出;如果卵胚无脉管,在1周内发霉、干瘪,那么这种蛇卵属于未受精卵,也应及时淘汰。

蛇卵经过一段时间的孵化后,卵内的胚胎已完全发育成熟,即将孵出仔蛇。各种蛇类卵的孵化时间各不相同,同时与孵化条件也有密切关系。大多数蛇类在产出蛇卵后,如孵化条件适宜,孵化时间一般在1~2个月,如银环蛇孵化期为40~48天,眼镜蛇为50天,百花锦蛇为40~55天,尖吻蝮为26~32天,乌梢蛇为60~65天,玉斑锦蛇为52天,灰鼠蛇为65天,赤链蛇为52天,黑眉锦蛇为55天左右,王锦蛇为55天。

人工孵化蛇卵的过程中,掌握好温湿度是关键。一般蛇卵的可耐受温度是17~32℃,超出此温度,胎蛇死亡率会逐渐增高。幼蛇大多在20~27℃发育、生长良好。相对湿度以保持在70%~80%为宜,若湿度低于50%或超过90%,蛇卵将面临干瘪或霉变状况。所以,在孵化过程中,必须人为地保持良好的孵化环境,如通风良好,有一定的光照,保持缸底土层的适宜湿度等。规模较大的养蛇场,最好采用现代化的孵化设备。

3. 仔蛇孵出

蛇卵胚胎经过完整的孵化期在其卵壳内形成仔蛇。仔蛇多在夜间出壳,将要出壳时,可见孵化处的沙土面上有潮湿状并相继出现泡沫(卵壳破裂,卵内液体外流所致)。仔蛇临近出壳时以吻端的卵齿将卵壳划破约1厘米长的破碎口,有的还可划破多个破口,并伴有泡沫样的液体溢出,沙土面上也见有泡沫液体。其后便见仔蛇漏出小蛇头,有少许惊动便缩回壳内,如此反复多次,待慢慢适应后,方才将头继续外伸,呈连续摆动状,随即全身爬出壳外。据不完全统计,仔蛇约经过 20~24 小时才完全出壳。刚出壳的幼蛇体形与成蛇一样,可迅速爬行,活动敏捷,用手触之当即冲击扑咬。毒蛇的仔蛇刚孵出时咬人,就能发生中毒症状。

初出壳的幼蛇,其腹部下面有一长约 5 厘米左右的脐带,脐带在爬行时会自动蹭掉,亦有在脱壳时挣断脐带。脐带脱落后,脐孔自行封闭,脐孔位于肛门前 29~32 腹鳞处。初出壳的仔蛇通常全身附着黏液,尤以体后段居多,常见其全身粘有沙粒现象。约 10~20 分钟后黏液会自然干燥,沙粒随之脱落,仔蛇则显得全身光滑,但活动频率明显削弱,少有扑咬行为,常呈蜷曲状态,与成蛇没什么两样。

4. 孵化期管理

(1)防止天敌:鼠类、家犬、黄鼠狼、蚂蚁等动物均会入内残食蛇卵,故应在缸口加盖或用纱网防护,以防蛇卵遭到侵害。

(2)不同种类的蛇卵不能混在一起孵化:不同种类的蛇卵孵化时间明显不同。即使是同一种类的蛇,由于生活环境或体质的差异,其产卵的时间亦有先有后,孵化时间也不一样。人工孵化蛇卵,大多将同一种类的蛇卵置于同一个孵化缸或器皿内,便于掌握孵化温度和湿度,有利于蛇卵孵出。如果将不同孵化期的蛇卵混在 起孵化,势必使孵化技术和入孵条件难以控制。

(3)温湿度的掌握:一般蛇卵的孵化温度以 20~30℃ 较为适宜。为测温方便,可在缸沿上吊挂一支温度计。若温度过高,可打开盖子散热,若温度过低,可悬挂热水袋补救,但不能触到蛇卵。在人工孵化蛇卵的过程中,根据实践发现,蛇卵由于孵化温度的不同,会直接影响幼蛇出壳后的雌雄比例。因此,人工孵卵完全可以人为改变幼蛇的性别。若想增加雌蛇的比例,只需将孵化温度控制在 20~24℃,相对湿度在 90% 左右,孵出的大部分是雌蛇。孵化温度高于27℃,湿度低于70%时,则孵出的大部分是雄蛇。如果将温度控制在24～27℃,环境相对湿度控制在50%～70%,孵出的幼蛇,雌、雄比例约各占一半。但是,温度若长时间高于27℃,湿度低于40%时,蛇卵多会干瘪而废,根本孵不出幼蛇来。

(4)蛇卵防霉:一旦发现卵壳上面有霉斑,可用绒布轻轻拭去。在出现霉斑的地方用毛笔蘸少许灰黄霉素涂抹,待完全晾干后放回原处。切忌使用抗生素软膏涂抹,否则油脂会堵住卵壳上的气孔,致使胚胎窒息而死,成为死胎。

(5)覆盖物的选择:为了调节和保持蛇卵在入孵期的适宜湿度,提高蛇卵的孵化出壳率,应选择新鲜、洁净的荷叶、梧桐叶或苔藓植被盖住蛇卵,一般2～4天左右更换一次。有人习惯用湿稻草、湿棉絮覆盖蛇卵,往往达不到理想效果,稍有不慎就会导致蛇卵霉败变质,影响正常的孵化,不宜采用。将毛巾或毛巾被(枕巾也可)充分浸水控干后,剪开数个利于透气的小孔还是可以利用的,并且保湿效果也很理想。

(6)适时验卵:在孵卵过程中,未受精或死胎卵放置时间过久,就会因变质而胀气破裂,污染其他受精卵。为避免这一现象,可采取适时验卵的措施,以确保受精卵正常孵化。验卵时,可以用一内置灯泡的木匣,在匣上开一略小于蛇卵的孔,将卵置于孔前照光,即可验出蛇卵是否受精。若对个别蛇卵一时难以取舍,可另放一侧,过段时间再重新检验。

(7)学会记录:进行人工孵化的过程中,每天都应做孵化情况的详细记录。仔蛇出壳后,还应记录幼蛇的蛇类名称、体长、重量、进食、蜕皮等其他有关数据,这样做有助于孵化技术和饲喂方法的不断提高。

第3节　仔蛇的饲养管理

一、仔蛇的特点

蛇自孵出至第一次冬眠出蛰前为仔蛇期。仔蛇身体弱,抗病力也低,容易生病,因此,在人工饲养条件下提高仔蛇成活率尤为重要。刚孵出的仔蛇长度约为成蛇的1/5,体重13～32克。仔蛇出壳后就能四处爬行,乌梢蛇和眼镜蛇的仔蛇会本能地追击小白鼠,但第一次蜕皮前未见有取食欲望。银环蛇和赤链蛇的仔蛇则显得温顺,它们藏身在黑暗的隐蔽场所,如木板下、砖块下、草堆或疏松的土堆里。

二、仔蛇的饲养方式

仔蛇最好分群饲养,因不同种类的仔蛇大小、食性均有差异,若养在一起会互相干扰、影响生长;食物不足时,亦会相互吞食。

仔蛇可用蛇箱饲养,蛇箱上方要有纱窗,底部应铺约5厘米厚的干净沙土,湿度为50%～60%,箱角处放一浅水盆,箱内放些砖块或瓦片供仔蛇藏身。箱内的沙土中还可放养蚯蚓,以便仔蛇自行取食。

用蛇箱饲养一段时间(30天左右)后,由于仔蛇的身体长度和重量均有明显增加,活动能力也增强了许多,就可转入蛇房中饲养。

三、仔蛇的日常管理

1. 放养密度

刚出生的仔蛇由于个体较小,活动能力差,而耐受能力比较强,其饲养密度可以适当大一些,每平方米可养 100 条左右,但饲养者要根据所养品种来掌握密度,一般仔蛇体的总面积约占养殖面积的 1/3 即可,以保证仔蛇有活动和捕食的场所。待饲养 15~20 天后,应拣出仔蛇总数量的 1/5;30~40 天后,再拣出约 1/5;若打破冬眠期继续养殖的话,到 10 月初应减少至正常数量;如果顺其自然让仔蛇进入冬眠期,则无须再拣了,因群居冬眠可以增加仔蛇的抗寒能力和出蛰时的成活率。

2. 蜕皮前后的管理

刚出壳或产出的仔蛇,因体内存有卵黄可作为营养物质,故不必投喂食物,只需供给饮用水即可。5~10 天仔蛇便开始蜕皮,蜕皮时往往不吃不动,应让其在安静的环境里顺利蜕皮。刚刚蜕完皮的仔蛇,滑嫩的皮肤易感染病菌,必须精心护理。此外,仔蛇蜕皮与湿度的关系密切,饲养环境的湿度保持在 50%~70%,对于那些入水湿润后仍不能顺利蜕皮的仔蛇,不妨人工帮助蜕皮。考虑到仔蛇蜕皮后有立即饮水的习性,在其蜕皮期间必须供应充足、清洁的饮用水,但不需另行投饲,以免惊扰仔蛇蜕皮,同时造成饲料上的浪费。同时应减少对仔蛇的观察次数,确保仔蛇在相对安静的环境中顺利蜕皮。

3. 饲喂

蜕皮后的仔蛇体内卵黄消耗完后就会主动寻食,但同成蛇相比,其主动进食的能力还比较差,最好人工诱其采食。人工诱导仔蛇采食的具体方法是在仔蛇的饲养活动场地内,依蛇的嗜好投放 1~2 种活体小动物,如小蚯蚓、小昆虫等供其自行选择,投放量应为仔蛇条数的2~3倍或1.5倍以上,创造出仔蛇易于捕捉到食物的环境,引诱其积极主动地捕食。这段时间内能否确保每条仔蛇都能自行捕到食物,是培养仔蛇"开口食"最有利的时期。仔蛇采食后,隔天应检查是否所有的仔蛇都有进食迹象(可查看仔蛇腹部,以局部膨胀为准)。

20日龄以后的仔蛇经过第二次蜕皮,个体已较初出壳时长大很多,此时可投放大一点的小动物,每隔5~7天投放一次,投放量仍为仔蛇条数的2倍以上。

对于少数瘦弱、不能主动进食的仔蛇,应拿出来单独喂养,必要时可利用注射器等工具进行人工填喂。灌喂的饲料一般宜采用液体流质饲料,如一只生鸡蛋、10毫升鲜牛奶、1毫升浓缩鱼肝油、5毫升复合维生素B、0.5克钙片置于杯中,调匀后加少量面粉调成糊状,将已消好毒的注射器,抽进糊状饲料。灌喂时需两人进行,一人持蛇握之不动,另一人轻轻掰开蛇口,缓缓注入配合饲料,待仔蛇吞下后应用拇指顺蛇腹往下轻揉。饲喂量应视蛇体大小而定,一般每条仔蛇每次饲喂10~20克,每周1次。实践证明,此种饲喂法比自然进食的仔蛇成活率提高20%左右。人工灌喂时,可在鸡蛋中逐渐加入一些捣成肉泥状的小昆虫,如蛐蛐、蚂蚱、黄粉虫等,为以后让仔蛇主动摄食动物饲料打下基础。期间可投喂活体蛐蛐、蚂蚱、蝗虫等,供仔蛇自行捕食。投饵数量以仔蛇在24小时内吃完为准,到时将未食或被仔蛇咬死的食物全部清除,平时不要零星投放,以吊起仔蛇的胃口。应培养其按时摄食的习惯,刺激它以后主动捕食的欲望。待饲喂一段时间后,将生长发育恢复正常的仔蛇放归蛇场,同其他健康仔蛇一起饲养;对个别久喂不见起色的仔蛇,可根据具体情况,或耐心调养,或直接淘汰。

四、仔蛇的越冬管理

仔蛇出生后,一般当年的体重和体长变化不是太大,只有到第二年出蛰后的活动高峰期,体重和体长才有明显增加。我国长江以南地区,仔蛇一般入蛰较晚,入蛰前有进食的机会,这样可以增强越冬的能力,减少来年出蛰时仔蛇的死亡率。我国的东北地区,蛇产仔多在8月末至9月上旬,仔蛇出生后不久便进入冬眠期,一般情况下,仔蛇在入蛰前不进食大部分也能越冬。为了避免仔蛇越冬出现过多死亡的现象,在人工饲养仔蛇的过程中,投饲主要根据所养仔蛇的种类、年龄、性别和体形大小来灵活掌握。如果按照正常的饲养管理去操作,仔蛇喂至入冬前2个多月后,体长能增至出生时的2倍左右,体重能增至2倍的情况下,仔蛇可安全越冬。因此,应充分利用9~11月的黄金进食时间,使仔蛇尽快增重上膘,确保其捕到充足可口的食物,最大程度地增加体内营养,保证第一次冬眠有足够的能量。

出生第一年的仔蛇,宜在室内越冬。这个时期主要是掌握好温湿度。因仔蛇体弱瘦小,抵御恶劣气候、环境的能力很差,对所栖息环境的要求比较高。仔蛇冬眠时,所需的温度较成蛇要稍高一些,一般仔蛇越冬场所的温度宜在8~12℃,相对湿度保持在50%~70%。温度不宜超过15℃,一旦超过这个温度,仔蛇便会从冬眠中苏醒;温度也不能太低,若降至5℃以下,易引起仔蛇的冻死或冻伤。若采用暂养蛇箱饲养幼蛇,可以采用在蛇箱内顶部加挂一只60~100瓦白炽灯的方法来增温。灯泡的外面一定要加罩,使幼蛇不能直接触到灯泡。对于在蛇房内采取池养、箱养等,可采取暖气、电炉等加温方式,用空调控制温度当然更好,但不宜采用炉火或柴火直接烘烤加温,慎防浓烟将幼蛇呛死。如果冬眠期间的温度反复不定,对仔蛇的身体有很大的影响,使来年的出蛰成活率降低。仔蛇的冬眠场所一定要杜绝天敌的入侵,特别是老鼠,因仔蛇同成蛇一样,在冬眠期间始终处于"假死"状态,对外来侵害毫无抵御能力。

仔蛇冬眠期管理内容虽然较少,但必须记录其入蛰、出蛰的时间,包括性别、种类及越冬的基本状况和条件;还应按时测定温、湿度,如条件允许,可在白天和夜间各测 1～2 次,从中发现其冬眠规律。有条件者,可同时设立几个不同的温、湿度环境,把所养的每种仔蛇作相互对比,从中优选出各蛇种的最佳冬眠条件,这是不可忽视的一点。

初春是养蛇场每年仔蛇死亡率最高的时期,这时的饲养管理尤为重要,应确定加强春季卫生防疫工作,注意早春的防寒工作,对病弱仔蛇进行人工护理,给予营养丰富而又适口的食物,使其获得充足的养分,并适时诱导越冬后的仔蛇及时进食,使其体质尽快复壮。如饲养的是乌梢蛇或银环蛇,一旦发现有死亡,特别是刚刚死亡的,可及时加工成"乌蛇干"或"金钱白花蛇干",不影响其使用价值,还可弥补一部分损失。

第 4 节　幼蛇的饲养管理

幼蛇又称中蛇,是指渡过第一次冬眠出蛰后至第二次冬眠未苏醒之前的蛇,这个阶段为 1 年左右。

一、幼蛇的特点

幼蛇的增长速度大于仔蛇,抗病能力也增强了许多,成活率也相对提高。因此,幼蛇阶段的管理要比仔蛇阶段容易得多。

二、幼蛇的饲养方式

尽管幼蛇的饲养方法很多,但目前国内人工饲养的幼蛇大多采用箱养、缸养、池养和室内放养等方法。

饲养者不必一味仿照别人的固定方法,可根据所养蛇的种类、数量去安排相应的养殖场地(容器);并随着幼蛇的不断生长、发育,适时酌减其饲养密度。切忌同成蛇一起饲养,以免幼蛇被成蛇吞食。待到来年春暖花开时,将幼蛇放入小蛇场内单独饲养。饲养一段时间后,可把体较长且比较健壮的幼蛇放入成蛇场同其他蛇类一起饲养。若饲养的是毒蛇,必须单品种养殖,不能与其他毒蛇一起混合养殖。

三、幼蛇的日常管理

幼蛇生长、发育的快慢,与饲养管理的各个环节直接相关。一般来说,幼蛇管理主要包括饲养密度、温度、湿度、投饵周期、蜕皮期管理等。

1. 饲养密度

幼蛇饲养一般为每平方米 10~15 条,在集约化养殖状况下为 15~25 条。

2. 温度

一般情况下,幼蛇与成蛇所需的适宜温度基本上差不多,但幼蛇对温度的适应范围略高一些。幼蛇最适宜的饲养环境温度为 23~28℃,短时间的低温或高温对幼蛇并无多大妨碍,但也不能掉以轻心,放任不管。

3. 湿度

对幼蛇来说,饲养场地的环境相对湿度保持在 40%~50% 较为适宜。幼蛇进入蜕皮阶段,对环境湿度的需求要高一些,应保持在50%~70%。若环境湿度过低,气候干燥不利于幼蛇蜕皮,往往由于蜕不下皮而造成死亡。解决的方法是:在蛇箱周围、蛇房内或蛇场内间接喷水,便能满足幼蛇蜕皮时所需的湿度要求。在高密度养殖的状态下,采用喷雾增湿的方法更为适宜。但无论何种状况,环境湿度也不宜过大,一般以不超过75%为宜。虽然短时间的高湿度对幼蛇没多大影响,但时间久了幼蛇易患霉斑病。在空气不流通的情况下,幼蛇易患肺炎,因此,要加强通风,保持饲养场地空气清新。

4. 投饵

每个蛇种对食物的要求有一定选择性。应根据不同蛇种,结合当时当地饲料资源选择食物,可通过捕、养、繁殖丰富食物来源。也可适量投喂人工配合饲料,诱导蛇进食。

蛇的食量究竟有多大,目前还没有完整资料,一般认为在活动期间,蛇每月的食量接近自身的体重。饵料必须丰富多样,这是养好蛇的关键。

在5~11月的活动期内,一般每3~5天投喂一次,或饲料池常备活食,随时吃,任意捕。投喂时间随蛇种的活动规律而定,如金环蛇喜夜间活动,应在晚间蛇出洞前,将饵料投在蛇窝附近,让蛇容易找到。饲料以新鲜的活食为好,严禁喂变质的蛋类,及时清除腐败的残饵。

对于半散养或完全散养形式饲养的幼蛇来说,需集中在运动场或固定场所定时投饵,久而久之,幼蛇便习惯了这样的方式。尤其是投喂鼠类,更应注意投喂地点,及时清除未食的活鼠和死鼠,以防止鼠类蔓延对周围环境造成鼠害。

5. 卫生防疫

在日常饲养管理中,无论怎样细致和努力,幼蛇生病总是难免。特别是冬眠过后,幼蛇的体质相当虚弱,更容易染上疾病。

因此，要注意搞好蛇场卫生，预防发生疾病。

(1) 蛇窝里铺垫的沙土要经常更换，保持干燥。

(2) 水池（盆）内的水应保持清洁，定期更换，若能采用缓缓流动的长流水最好。水池（盆）中水面的高度与地面高度不能相差太大，否则幼蛇入水后难以爬出，会因体力耗尽而死于水中。特别是盛夏酷暑季节，由于幼蛇活动趋之频繁，饮食较多，产生的粪便也多，加上有些吐出的食物残渣和咬死后没有吃完的动物尸体，极易腐败污染蛇场和水源，更要勤扫勤换。

(3) 在幼蛇的饲养场地，每天应定时进去清拣未食的死动物、幼蛇蜕皮及死幼蛇。要经常打扫卫生，及时清除粪便，因幼蛇粪便中含有大量尿酸（尿酸过多对蛇体有害）。如果蛇窝和蛇房（场）中超量的尿酸气味弥漫，尤其是在盛夏的阴雨天气，在通风不畅的环境里，幼蛇会患上肺炎或重度呼吸道感染，大批死亡。

(4) 定期检查蛇窝内的温、湿度以及蛇的健康状况，发现病蛇应及时隔离治疗，以免传染其他健康的幼蛇。

(5) 幼蛇一般每年蜕皮 2～3 次。蜕皮期相对湿度应在 60%～65%，切忌太干燥，影响幼蛇正常蜕皮。

6. 后备种蛇的培养和选育

在幼蛇阶段就必须注意选择，观察幼蛇的生长发育速度，选择生长发育快、食性广、食欲旺盛、适应性强、抗逆性强的个体做后备种蛇，并加强管理和驯化工作，以使其能很好地适应人工养殖的环境条件。

四、幼蛇的季节管理

1. 春季管理

我国绝大部分地区，一年四季寒暑交替气温变化明显，幼蛇的活动也表现出依赖季节的明显差异性。春末或初夏，幼蛇会本能地结束冬眠而出蛰活动,在此期间幼蛇只是选择天气暖和的中午出来晒太阳,并不急于摄食,继续消耗体内所储存的剩余脂肪。如果幼蛇在过冬之前吃不饱,体内脂肪储存不足,体弱或有寄生虫病等,往往在出蛰后活动不久经不起外界气温变化,引起死亡,这时的死亡率往往高达 35%～50%。鉴于这种情况,应在幼蛇还未出蛰之前,先清理蛇场杂物并彻底消毒,以防病菌侵害幼蛇。其次是刷干净水沟或水池,注入新鲜的饮用水,最好在水中加入少许抗生素或复合维生素 B 溶液,有助于幼蛇早日进食。初春是幼蛇出蛰后蜕皮最集中的时期,应尽量保持环境安静。避免引入陌生人进场,让幼蛇在安静的场所尽快蜕皮。据观察,幼蛇蜕皮后的 10～15 天后开始少量进食,此时应抓住时机适时投喂,满足幼蛇的进食所需。

2. 夏季管理

幼蛇与成蛇的"夏眠"习性相似,生活在热带或亚热带的幼蛇,在炎热的夏季也具有"夏眠"现象。其原因主要是夏季气温过高,加上长时间不下雨,造成气候比较干燥,使幼蛇赖以生存的条件难以达到,生命受到严重威胁。因此,不得不转入地下或窝内,深居简出,以"夏眠"的形式渡过生命危机。在夏季人工养殖幼蛇时,可以给蛇场提前张挂黑色遮阳网;水池(沟)经常引入新鲜水;加厚地下与地上蛇窝的遮盖物;每天早晚各喷一次水。这些措施均有利于幼蛇度过炎热的夏季,帮其不"夏眠"或尽量缩短"夏眠"时间。

3. 秋季管理

"秋风起,三蛇肥",每年秋季由于天气凉爽、气候适宜,又到了蛇类一年一度的进食季节或活动高峰期,幼蛇大都通过大量进食来增加体内脂肪的肥厚度,为冬季御寒或冬眠打下基础。大部分幼蛇在这种不冷不热的气温下,消化能力特别强。所以,此季应供给幼蛇充足多样的食物,促其多进食,以增加体内所需的各种营养物质,从而提高幼蛇总体抗病、抗寒能力。不过,秋季也处在"一场秋雨一场寒"的时期里,在降雨后气温不适宜时,最好少投或不投饵料,以防幼蛇将吃进去的食物反吐出来,因幼蛇的消化蛋白酶是受气温控制的。秋季给幼蛇催肥时,一定要注意收听当地的天气预报,掌握投喂的最佳时间,以免浪费饵料。

4. 越冬管理

幼蛇越冬的温、湿度同成蛇相似,蛇窝温度需保持在 6～10℃,最高不能超过 12℃,否则会出现幼蛇的不连续冬眠现象;相对环境湿度维持在 50%～60%,超过 75%～80%时幼蛇易患口腔炎、肺炎和霉斑病。尽管有的资料上介绍说湿度要达到 80%～95%,笔者根据多年的养蛇实践,发现与实际相差甚远,不宜采用。

即使有再好的冬眠条件,幼蛇也同成蛇一样,有冬眠失重现象,这是目前尚未解决的难题。

第 5 节 成蛇的饲养管理

经过第二次冬眠出蛰后的蛇称为成蛇,从成蛇期开始蛇便趋于成熟,开始进入繁殖期。成蛇时期是蛇养殖过程中最轻松的时期。

一、成蛇的饲养方式

在非繁殖期,蛇类应按性别、年龄分群饲养,可减少蛇类互相咬伤或咬残。有些蛇类自相残杀的现象很严重,当然与饲养管理有很密切的关系。

在繁殖期内,要安排出一定的隔离区,将雌雄蛇放在一起,组成交配繁殖群。种蛇在合群配种之前,应给予丰富的营养,使之保持良好的配种体况。配种期内,应该注意观察交配情况,细心管理,减少伤亡,同时要保证雌蛇配上种。全部雌蛇交配后,将雄蛇移开,以免干扰雌蛇产卵及造成雄蛇食卵。

配种后怀卵雌蛇为重点管理对象,最好单独放置在蛇园的隔离区内,供给其喜食的饲料,保持环境安静,以便使卵泡有良好的发育条件。产完卵的雌蛇,有护卵习性,一般在此时期不进食,继续消耗体内营养。如果采用人工孵化,则可使雌蛇不护卵,早进食,体质可尽快恢复。5月、7月、10月要多投饲料,每周投喂一次。5月是蛇经过冬眠后的交配产卵期,要补充冬眠时消耗的养分,为产卵打基础。7月份蛇产完卵要进入夏眠,顺利渡过夏眠也需加强营养。10月快到冬眠期,应及时做好冬眠期的防冻措施。

二、成蛇的日常管理

1. 搞好蛇场的清洁卫生

为了更好地消除和预防蛇病,在饲养季节蛇场内要经常打扫卫生,定期更换饮用水。避免场内、窝内过分潮湿,保证蛇场通风,并定期给予全方位彻底消毒,即连续消毒7~10天,每天早晚各1次。蛇场和蛇窝必须每天都检查(冬季除外),发现死蛇或蛇类咬死但未吞食的死食应及时拣出,以免气温过高引起腐烂变质,污染环境。发现病蛇要及时隔离治疗。

蛇池或蛇沟的饮用水要适时更换。清池时,要刷掉附着在池壁或沟壁上的青苔,确保水源的干净和新鲜。此外,对场内植被要定期修剪,使其既能起到遮阴避暑的作用,又能绿化、美化环境。对蛇场周围的墙壁、墙基和排水口(孔)要经常查看,发现有鼠洞、裂缝应及时修补。靠近蛇场围墙的树木要适时修剪,严防蛇类顺树木攀爬外逃。

2. 观察蛇类的活动情况

在蛇的活动季节,每天要定时观察、了解蛇的活动情况,并及时记录蛇的捕食、饮水、蜕皮、逐偶、交配、产卵(仔)、病害、生长、死亡等具体情况。注意随气温的变化而采取相应的保护措施。

3. 搞好安全防范措施

若饲养的是毒蛇,进入蛇场前不可喝酒更不可酒后直接抓捕毒蛇。入场的工作人员要足登高筒靴,穿好防护衣帽,一般应有两人同行,相互照应,以防被毒蛇咬伤。抓蛇时,应该使用专用蛇钩等捕蛇工具,抓取时动作要轻柔、迅速。夜间巡视时照明设备应使用弯头手电筒,同时注意脚下。如没有特殊情况,夜间最好不要直接进入蛇场,在墙头上观看即可。

4. 定期投放食物

食物的投放要充足并且多样化,以确保蛇类能吃饱、吃好。在蛇类的活动季节,也就是 5~11 月,每月要投放食物 2~3 次,或者每周投喂 1 次。投食时最好选择在凉爽的傍晚,切忌中午投喂。

具备一定规模的养蛇场必须考虑食物来源是否充足,以确保按时供应。走配套养殖蛙类、鼠类、泥鳅、黄鳝的综合之路,才是解决规模养殖的可行办法。蛇场内多安装几盏黑光灯诱虫蛾,也是解决蛇食源的补充办法。与孵化鸡雏的厂家联系部分淘汰、不能出售的鸡雏喂蛇,也可以解决部分蛇的食源。在食物短缺的情况下可诱食人工合成饲料。尽量给予多品种的食物,才能为蛇提供全面的营养,不仅促进蛇的生长,更能促使其性腺发育,达到繁殖的目的。

另外,投喂食物的方式、时间、地点均要规范化,对蛇的活动路线事先仔细观察好,投饲的地点宜选在蛇类经常出没之处。如投食量过多,被蛇咬死而不吃的现象常有发生,那样就会造成浪费,投喂量应做相应调整。如果投喂的时间过早,特别是在炎热的夏季，容易导致小动物死亡，所以在傍晚太阳落山后投喂最佳，这样昼行性蛇类、夜行性蛇类及晨昏性蛇类均能吃到新鲜食物。

在人工喂养的过程中，总是有个别抢不上食物的弱蛇，对这样的蛇必须采取人工填喂的方法促使其增膘。出售、加工商品蛇时，掉膘的弱蛇应首先加工。对体质尚可但食欲不振的个别蛇，可人工灌喂一些复合维生素B令其开胃，这对其增进食欲、恢复体质、促进新陈代谢有益。还可将这类蛇取出单独喂养一段时间，待其体质恢复后再放回蛇场集中饲养。

蛇类有时好抢食同类口中正在吞咽的食物，少则两条、多则三四条在争食一只蛙（鼠），这样容易出现蛇吞蛇或群蛇相残的状况。若遇到这种情况，只需用剪刀将抢食的食物剪开即可，这样每蛇一小份，谁也吞不了谁。缺点是经过这样的折腾，有的蛇会弃食而去，还有吞食入腹的也会反吐出来。因此，建议剪食时要速战速决，尽量减少在场内的逗留时间。

蛇类有胆大不怕人的，也有见人就逃窜的。像王锦蛇和赤链蛇就属于比较胆大的种类，投食后即使饲养员在场，也不会影响其进食，直到把食物吞进腹内，才会慢悠悠地爬走，亦有少数原地蜷曲不动。乌梢蛇属于胆小的种类，听到声响便会溜之大吉。对于这类蛇，饲养员投饲后应该立即退出，否则它们连窝都不敢出，更谈不上当着饲养员的面吃食了。但也有例外的时候，形体较大的乌梢蛇，若长时间不投食物，一旦投饲它会快速做出反应，敏捷地出窝捕食，一点也不怕人。总之，不管饲养哪种蛇，必须摸透其生活习性和规律，只有这样才能将蛇管好、养好。

蛇吃剩下的死食，应在第二天一早及时清理，以防场内温度过高引起腐败变质，影响场内环境卫生。正确的处理方法是：将快要变质的死食单独拣出来深埋处理，质量尚好的死食装进干净的塑料袋内，放入冰柜或冰箱中冷藏贮存，待下一次投喂时提前1小时取出，化冰后可掺入其他食饵中一起投喂。此死食只能掺喂一次，若再次投喂后仍有剩余，则无继续投喂的价值了，应弃之深埋。

据饲养发现,赤链蛇和用作食物的蛇比较爱吃死食;其他的蛇类只有乌梢蛇吃一部分死泥鳅,大面积的投喂死食还需作进一步的探索和驯化。

5. 密度

成蛇期一般每平方米不超过 10 条。

6. 蛇场内的控温保湿

蛇类是变温动物,温度的变化对其生长和活动影响很大。因此,将蛇场内的温度、湿度控制在适宜其生长和活动的范围内,是人工养蛇的又一关键性技术。

一般情况下,20～30℃的温度最适合蛇类的生长和繁殖。若低于 10～13℃,蛇就蜷曲着不爱活动;如果在 40℃ 以上或低于 0℃的环境中,体弱、体瘦的蛇就会大量死亡。所以,在人工饲养蛇类的过程中,要特别注意外界气温的变化。

蛇场的控温一般分为降温和保温。降温工作多在炎热的夏季,降温时,除搞好蛇场的植被绿化外,还可采取喷水(需在清晨和傍晚,太阳强烈时忌喷)降温、搭棚避暑的方法;也可在蛇场的部分上方拉挂黑色遮阳网等。另外,蛇窝通风口的拐头应去掉,可顺陶管再插上一节,因高度增加了,势必加大蛇窝的空气对流,能有效降低蛇窝的温度,改善空气质量。

蛇类对空气中的湿度也有较高的要求。如果空气过于干燥,蛇体内的水分流失较快,很不利于生长和繁殖,特别会影响蛇类蜕皮,重者由于蜕不下皮而死亡。所以,蛇场内的湿度必须控制在适宜的范围之内,即环境相对湿度要维持 50%～70%。特别是地下蛇房,一旦湿度过大,会引发蛇毒斑病、寄生虫及螨害,不利于蛇类的正常栖息。蛇场内建造的水沟、水池均能起到增加空气中湿度的作用。但在蛇类的冬眠场所,窝内湿度应保持在 35%～40%,最高不能超过 50%～60%。窝内的湿度过大时,可铺垫干草、干土、干沙、木屑、棉絮等,有利于冬季蛇窝的增温除湿。

7. 疾病预防

(1)给蛇吃的食物打针:给饲喂蛇的蛙、鼠、小鸡等活饵注射防疫针,食饵营养健康,没有寄生虫,蛇吃后长得快,少患病。其药物配比剂量可掌握在蛇打预防针的 1/3～1/2。

(2)对病蛇及时隔离:对病蛇、受伤蛇、瘦弱蛇要及时隔离治疗,避免病情进一步蔓延,尽可能减少传染给其他健康蛇的机会。

8. 定期消毒

定期使用来苏水、新洁尔灭溶液或生石灰水对蛇场进行泼洒消毒。一般 1～2 个月消毒一次。注意药液不要泼洒到蛇身上,特别是来苏水,因其味重,对蛇有刺激作用。

9. 瘦弱蛇增重

在人工养蛇的过程中,难免有少部分吃不上食的瘦弱蛇。遇到这种情况,可对瘦弱蛇适时进行人工催肥,也就是人工填喂。常用的饲料配方有两种:一种是直接灌喂生鸡蛋;另一种是填喂肉泥(把瘦猪肉或牛肉剁成烂泥状)。在灌喂鸡蛋时,可酌量加入各种对蛇有益的维生素、鱼肝油丸、钙片、复合维生素 B 片等。若蛋液较稀时,再加入少量鱼粉或面粉以利增稠。另外,还可灌喂营养丰富的其他流质饲料,如牛奶、葡萄糖等。一般每 5～7 天灌喂一次,约一个月后即有明显起色。填食后的蛇类有大量饮水的习性,此时可在水中加入少量土霉素和食母生,以利于蛇的生长和消化;还可单独加适量抗生素,如庆大霉素等,以减少蛇病的发生。

以上填喂方法不宜大面积推广。一来费时费力,浪费人工;二来不能长期采用,以防蛇变得懒惰,养成依赖性,丧失捕食能力。此外,人工填喂的频率还要根据蛇体大小和季节而定。如 500 克左右的蛇,只需填食 150～250 克。温度一旦超过 35℃,应停止填喂,否则蛇也会呕吐出来。

10. 培育种蛇

对于一个大型养蛇场来说,种蛇的培育工作是非常重要的。首先要对参配的雌雄蛇进行严格的人工筛选,尽量选择体形大、无伤残、无疾病、体格健壮、食欲正常,特别是发情交配行为正常的种蛇,才能保证有良好的后代。培育种蛇须从蛇卵抓起,在孵化前,要对种卵严格选择,要求卵形大、壳色正常、无破损的新鲜卵才能入孵。因幼蛇的生长发育情况也是种蛇培育的重要环节。对挑选出来的种蛇,要给予优厚的饲养管理条件,并施以有目的、有计划地逐代驯化工作,使养蛇场逐步建立良种核心群。

(1)留种比例:种蛇留取比例参见表5-1。

表5-1 种蛇留取比例参考表(产出品为1000条)

蛇名	产卵(仔)	种雌蛇	种雄蛇
眼镜蛇	8~18	125	25
眼镜王蛇	21~40	50	10
金环蛇	8~12	125	25
银环蛇	8~16	125	25
日本蝮	4~14	250	50
尖吻蝮	15~16	70	15
烙铁头	3~15	330	70
竹叶青	3~15	330	70
赤链蛇	10~11	100	20
王锦蛇	8~14	125	25
百花锦蛇	6~14	170	35
三索锦蛇	4~8	250	50
虎斑游蛇	10以上	100	20
灰鼠蛇	8~10	125	25

续表

蛇名	产卵(仔)	种雌蛇	种雄蛇
滑鼠蛇	6～11	170	35
乌梢蛇	6～14	170	35

(2)季节性选育：每年春秋两季，应结合出蛰、入蛰进行种蛇的选择。

①春季选择：春季蛇出蛰后很快就进入发情配种期，配种前要对雌雄蛇进行一次严格的选择。选择体型大、体质健壮、食欲正常、活泼好动、无伤残、无疾病的个体，特别是要选择发情、交配行为正常的种蛇，组成育种核心群并合群配种。对以生产蛇毒为目的的有毒蛇的选择，要侧重泌毒量和毒液的质量；对全身入药的蛇类则要侧重于体型大小、色泽与花纹等重要指标。

②秋季选择：入蛰前蛇的食欲猛增，活动频繁，体质强壮，体内贮备了大量营养。为了安全越冬，入蛰前除要维修好越冬场所外，还要对越冬的种蛇进行一次选择。选择体肥、无伤残、无疾病和泌毒量高、质量好的个体，为其创造适宜的环境条件，使其安全越冬，淘汰瘦弱和患病个体，以免冬眠期死亡或传染疾病。越冬期间要严格管理，防止天敌危害。

11. 填饲育肥

给成蛇填饲育肥只适用于无毒蛇的育肥，不适用于毒蛇的饲喂，一般在第 2 次冬眠出蛰后第 2 次投饵的第 4 天进行，也可以在成蛇形成成品前或初加工前 2～4 周开始填饲。开始填饲时由于蛇的食道比较狭窄，1 次难以容纳大量饲料，必须在混合饲料中加 5%～10%水，搅拌成糊状，每次填稀料 100 克左右，隔日填饲料 1 次，填饲 3～4 次后，经过 1 周左右的时间，逐渐将食道撑大以后，改为每日填饲 1 次，每次填饲量为湿重 100～150 克，填饲时间不宜过长，通常连续填饲 15～20 天，即可形成蛇产品出场进行初加工。填饲用的饲料尽量利用当地屠宰场或当地易得的动物。如采用多种动物的头、内脏、昆虫、蚯蚓等,如有骨骼一定要经过粉碎,以防止蛇的食道被刺伤。也可搭配经粉碎的植物性饲料5%~10%,均匀搅拌后进行填饲。

12. 详细记录

饲喂人员应力求把养殖经验与科研工作结合起来,使之既有经济效益,又有科学成果,真正做到"理论与实践相结合"。无论饲养哪一种蛇,都应详细记录养蛇日记,如蛇在场内或窝内的栖居情况、四季温湿度、交配情况、孕育产卵(仔)日期、蜕皮次数、捕食习性、摄食规律、仔幼蛇生长、冬眠过程、病害防治等一系列工作,为日后规模养蛇,逐步提高蛇的成活率或饲养中蛇的保值存养打下坚实基础。

三、成蛇的季节管理

蛇类的活动时间,华北地区为春末到冬初(4~11月),共8个月,冬眠时间为4个月。长江以南诸省(区),蛇类的活动时间较华北地区稍长一些,而东北三省蛇类的活动期则较短,仅为6个月左右。

1. 春季管理

刚出蛰的蛇,在2~3周内基本上不进食,多行求偶、交配,到4月份有少量进食。故本季度除少量投放食物外,应着手准备好夏季的饵料。

春季(2~4月)所养毒蛇不宜取毒,这时蛇类身体普遍较弱,取毒易导致死亡。

2. 夏季管理

夏季(5~7月)是蛇类的主要交配繁殖季节,也是捕食、活动和生长的旺季,应照顾好母蛇,及时收集蛇卵,并做好繁殖、孵化的准备工作。毒蛇此季可以取毒,但必须25～30天取毒一次,不可盲目多取,以免有损毒蛇的健康。

(1)供足食料:夏季,蛇类的摄食量明显增加,饵料的投喂必须按时、足量。要注意食物的多样化,保证蛇吃好,这样才能使蛇健康地生长和繁殖。要定期投放一些活蛙、活鼠、活鱼、活泥鳅、活黄鳝等食物。在蛇的活动季节,每周要投料1次,每月最少投料2次。

(2)防暑降温:蛇是变温动物,其体温随外界的温度而变化,人工养殖蛇类,无论是房养还是蛇场养殖,饲养的密度一般都比较大。盛夏季节的蛇场内,若温度过高或暴雨前后容易出现高温高湿及不通风等现象,均会造成蛇不吃食、不活动、不蜕皮;有的甚至采取消极的御热方式而进入"夏眠",这样势必会影响其正常的生长发育。因蛇本身无汗腺,不能调节自身的温、湿度。当场内温度接近30℃时,蛇的饮水量就会增多,呼吸增快,精神委靡,活动无规律,严重的会口吐黏液黏痰(由肺炎引起)并引发死亡。因此夏季应在场内设遮阳物,洞内温度要保持在15℃以上。最适宜的气温为20～30℃,相对湿度在80%左右,并保持蛇窝通风。当蛇场内温度达到35～38℃以上时,应在蛇的饮用水中加入5%～10%的葡萄糖和维生素C片,还可以加入盐酸氯丙嗪,用量为成年蛇300毫克/条,幼小蛇酌减用药量。该药有很好的镇静和降温作用,可确保蛇在最热的几天里安然无恙。

在梅雨天气和暑期,要保持环境清洁干燥,注意防暑降温和通风,并注意观察蛇的活动。一般夜行性蛇类白天不出来活动,但遇阴雨闷热天气,气温超过30℃,相对湿度在80%以上时,白天也偶尔出来活动或于洞口处乘凉,因此,要搭设凉棚或遮阳网。初夏天气晴朗,气温在15～18℃时,蛇也喜欢在中午出来短时间晒太阳,其他时间在白天出洞的蛇,多是雄蛇或体质较差或有病的蛇。夏天暴雨之后,晚上蛇出洞的最多。

(3)搞好卫生:夏季应保持环境和蛇窝的清洁干燥,防止食料腐败变质，经常打扫粪便和残食，收拾蛇蜕，保持蛇饮用水干净，定时换水。防止霉菌侵害蛇体。

多雨天气要及时排除场内积水，一旦出现雨水倒灌现象，应冒雨挖沟排涝，疏通排水口，及时将囤积在蛇窝周围的水排泄出去。千万不要等雨停后再挖再排，这样会加剧窝内的进水量。待雨一停，应马上进入蛇窝排水。若进水量较大，人无法进入时，须用抽水泵抽水；泵底要用尼龙网罩起来，不吸入异物或小蛇，造成不必要的麻烦。待窝内的积水抽干后，出口或通风口不要盖着，应敞开以利通风散潮；同时要做好消毒防疫工作，确保大灾过后无大疫。短时间的蛇窝进水，对蛇类无多大妨碍。

(4) 注重防病：若蛇窝湿度较高，应对蛇窝进行清扫，然后在日光下曝晒消毒。也可以将蛇移到阳光下，自然减缓蛇的病情，同时要更换蛇窝的垫土。

把蛇窝内的蛇提出后，用 1∶1000 的高锰酸钾溶液或漂白粉溶液冲洗蛇窝，等蛇窝晾干后，再将蛇放回。

(5) 精心护理：雌蛇和雄蛇此季节最好分开单养，以防雄蛇太霸道，对怀孕的母蛇不利。发现蛇卵后及时收集取出，放于准备好的孵化缸内，按期进行人工孵化。仔蛇出生后需立即拣出来，放于幼蛇场内单独喂养。

要随时观察蛇的行为，并检查卵的发育程度，如发现在距离泄殖腔 3～4 厘米处见到卵粒时，预示 7 天内要产卵，应精心护理，并将临产的雌蛇养在蛇箱里，使其安静产卵（仔），产后再放回蛇园，并做好繁殖、孵化的一切准备工作。

(6) 做好种蛇的选择：将雌雄种蛇按比例放在间隔区，组成繁殖群，其他蛇雌雄单独饲养。种蛇在合群之前，应给予丰富的营养，使之保持良好的配种体况。配种期内精心管理，以减少死亡。

(7) 及时处理病蛇：发现行动困难、口腔红肿、身体溃烂或患有其他疾病的蛇，应及时治疗或淘汰。

3. 秋季管理

秋季(8~10月)是蛇类大量进食的季节,也是养蛇增肥的"黄金时间"。蛇为变温动物,它所适宜的温度范围为18~33℃,但蛇在活动、觅食、增重的最佳温度却在22~28℃。因此,人工养蛇在秋季的管理工作就显得十分重要,可以说是全年蛇类管理的非常时期,一般需做好如下管理工作。

(1)全面清理蛇场

①清除杂草:为投食方便或蛇类更好地接受太阳光照晒,便于食物消化和吸收,秋季必须将盛夏为给蛇遮阴纳凉所种植的杂草局部割光或有选择性地拔掉。若用镰刀割时不要离地面太近,应距离地面30厘米左右,避免锋利的茬口刺伤蛇的皮肤,造成损失。若场内植物不是太高、太稠密,可维持现状。

②彻底消毒:清除完场内杂草后,应将蛇场的墙体和蛇窝全面喷洒消毒,然后将蛇沟、蛇池内的水全部排干,及时清刷扫除沉积物并用药物喷洒消毒,24小时后重新注入新鲜的清水供蛇饮用。

(2)投饲要充足:秋季蛇类进食比较频繁,应每隔5~7天按时投喂一次,投饲量应为蛇类数量的2倍以上,这样才能确保场内的大小蛇类吃到充足食物。投喂食物的品种尽可能多样化,投喂时间可改在上午9时以后,投喂地点应选在背阴处。放好食物后,投饲后人应尽快退出,以免过分惊扰以影响其进食。另外,在9:30~18:30时,尽量不要进场惊动蛇,确保蛇场清静。在这样的环境里,蛇能吃好、吃饱,以此贮积肥厚的脂肪来度过漫长的冬天。

(3)秋季驱虫:因青蛙、蟾蜍及其他蛇食身体中带有或多或少的寄生虫或虫卵,蛇吞食后会寄生在腹腔内并争食蛇的营养,使蛇出现多食少长现象。解决方法是在入秋前后集中给蛇群驱虫,驱虫药物有肠虫清、精制敌百虫、灭滴灵等。以上药物可直接给药,也可通过喂给蛇食后间接给药,但药物与蛇体重的配药比例要掌握准确,慎防用药过量而影响蛇类进食。如饲养的是毒蛇,应不采毒或只采少量的毒(非采不可的情况下),尽量减少由晚秋采毒造成的冬眠死亡。

(4)夜间布灯诱昆虫:秋季正是各种昆虫大量生长的季节,如蛐蛐、蚂蚱、蝗虫等,可在蛇场内布几盏黑光灯,在夜间开启诱虫喂蛇及蛇的食物,既增强蛇的活动能力,又可以虫养蛙,保证青蛙和蟾蜍的健康鲜活与存活时间,可谓一举两得。

(5)为越冬做准备

①给蛇窝、蛇房加土加草,封闭窝房门洞,严防贼风侵袭。

②养蛇如同人的十个指头一样很难一般齐整,特别是存养蛇量达到万条规模的养蛇场,必须在蛇冬眠前细心地给蛇分级。一级蛇是最好的,可以放心地让其冬眠,留作来春继续饲养繁殖;二级蛇可以作为上等的商品蛇,能留至清明前赶全年最好的蛇价;三级蛇可年前出售,价格也很理想;挑出的等外蛇必须短时间内尽快出手,这样的蛇若放置时间过久,会明显消瘦。冬眠前蛇类的分级虽不如挑选种蛇那样严格,但也不能掉以轻心。如把关不严格的话,蛇冬眠结束后有较高的死亡率。

4. 冬季管理

冬季是人工养殖的关键季节,关系到蛇能否安全越冬。冬季(11~1月)来临前要提前检查蛇越冬场所是否妥当,并集中彻底消毒一次,做到以防为主,消除隐患。地上蛇窝或地下蛇房温度宜控制在蛇可耐受的范围内,相对湿度也应较平时稍低些,蛇窝或蛇房内悬挂一个温湿表。越冬前取毒或体质较弱的蛇越冬期更要加强管理,越冬前应让蛇吃饱喝足,饲料质优量大且多样化,以便能积蓄足够的脂肪满足越冬的需要。蛇越冬期应保持适当温度(幼蛇越冬要求室内温度 2~6℃),严防室内温度时高时低,以免造成幼蛇在冬眠中醒来,不利越冬。冬季应定期检查蛇场的温度和湿度,蛇越冬池盖上塑料薄膜,当气温回升后应掀开塑料薄膜,让蛇出洞到蛇场内有充足阳光处活动。对病蛇要及时隔离或处理,以防感染全群。因为蛇越冬时特别集中,传染病很快流行传播,危害很大,除定期检查外,还应做好详细记录,有利于管理技术的不断提高。

(1)冬眠密度:由于南北气候的明显不同,蛇进入冬眠的时间也不尽相同,加之性别与年龄不同,其进入冬眠的早晚亦有一定差异。据观测,同一个种类的蛇,成年蛇较幼年蛇先冬眠;雌蛇较雄蛇先冬眠;健康蛇较瘦弱蛇先冬眠;瘦弱蛇又比病蛇早冬眠。鉴于蛇类有这种明显冬眠特征,可将那些始终不进冬眠场所的病蛇统一搜集出场,尽快予以处理。

进入冬眠场所的蛇还有这样的特征,有独自冬眠的,也有雌雄同居的,还有几条或数十条群居的。肉蛇混养时发现也有不同种类的蛇混居的。不管是多条群居还是多种混居而眠,都有利于维持蛇体温度、抗寒能力和增加安全感,对提高冬眠的成活率与来年的繁殖大有益处。

在野生条件下,挖沟或挖地基有时会发现一个仅几立方米的地方可容纳数百条蛇,有的甚至大小上千条蛇冬眠在一起,并且还发现多种蛇和蛙类都混在一起栖居。人工养蛇虽不能完全模仿这个数据,但根据具体的窝舍大小,按每立方米空间酌量减少还是十分可取的。养殖中大致的冬眠密度主要依据蛇类活动的密度而定。可以酌增数倍,一般以不出现严重层叠和挤压为宜,使用多层立体式地下蛇房者则无弊病。仔蛇或幼蛇由于个头小、休积轻、耐受能力较成蛇强,冬眠密度可以适宜增加,但不能超过成蛇的1倍。

(2)越冬管理:每年秋末冬初时节,当气温逐渐下降时,蛇类便转入逐渐不甚活跃的状态。当气温降至10℃左右时,蛇类便进入冬眠。某些产于北方的蛇,耐寒能力较强,进入冬眠时的气温可能比此温度还要低。野生蛇类常因冬季严寒、保温条件差,加之天敌的危害,越冬的死亡率竟达2/3。由此可见,人工养蛇的越冬管理工作十分重要,直接关系到养蛇成败。

①封顶的土层若达不到越冬的厚度,应尽快备土加高加厚,以利于蛇类进入最佳冬眠状态。如果发现窝内气温还不算太理想,还可加盖一层塑料薄膜、篷布、草帘、玉米秸等保温物,使蛇窝温度始终处于冻土层以下,蛇类过冬才会安然无恙。

②将越冬蛇室的室温严格控制在 10~12℃,上下偏差不宜超过 1℃。温度过高,增加了蛇体的消耗,于蛇冬眠不利;温度过低,往往会使蛇冻死。温度过低时用蒸汽管或电热丝升温,高时可打开顶端通气筒由"S"门导入新鲜的冷空气,同时将有害的一氧化碳、二氧化碳排出。室温不能骤高骤低,应该保持恒温,否则蛇会因不能适应气温剧烈变化而大量死亡。可在蛇窝的盖板上面覆盖 20 厘米厚的稻草,蛇窝的通道门要紧闭,以免冷空气吹进去。当外界气温下降到 0℃时,应采取防寒措施,即在每一格蛇室中垫上干草、纸屑、旧麻袋或破棉絮等,进行保温,还可加挂适量的 25 瓦蓝色灯泡来增温。

③蛇越冬窝舍的环境湿度应保持在 45%~50%,若达不到的话,可放置几盆清水,以利水分蒸发,达到调节湿度的目的。

④毒液是蛇的重要消化液,它在蛇体内不断循环,促进新陈代谢。在蛇冬眠时,千万不要捕捉蛇,硬性吸取其毒液。否则会使蛇体受损,影响功能恢复,引起死亡。

⑤蛇的天敌除了獴和鹰外,还有黄鼠狼、猪、刺猬、老鼠等,最常见的还是老鼠。老鼠本是蛇的盘中餐,但蛇在冬眠时,有些老鼠经常光顾蛇的冬眠洞穴,所以有"蛇吃鼠半年,鼠吃蛇半年"之说。为有效防止冬季蛇场鼠害,彻底防止鼠类进入蛇窝残食冬眠的蛇,减少经济损失,除采用鼠夹、鼠笼捕捉外还可用下列方法进行灭鼠。

a. 将玉米、黄豆或花生炒香后研成碎末,与 2 份 425# 的水泥混合后拌好,放在鼠类经常出没的地方,老鼠闻到饵料的香味后便会争相抢食。由于老鼠吞食后口渴难忍,急找水喝,水与饵料中的水泥在鼠腹中凝固,会迅速造成鼠肠结块,痛苦万状的鼠便找寻同类格斗,彼此相互残杀而大量死亡。如能在此饵料中加入少量的动物油渣,制成颗粒状的饵料投放,效果更好。

b.用新鲜的石灰粉将鼠洞完全堵住,老鼠一旦出洞寻食,必须从石灰粉中通过,石灰粉会自然而然地落进老鼠的眼睛、口腔、鼻腔中。石灰粉特有的刺激作用能使老鼠窒息死亡,轻者也会因失明而乱跑乱撞。

c.取石膏粉、面粉各100克炒香,放在鼠类经常活动的地方。老鼠吃后口干喝水,一旦饮水入肚便会胀死。

d.把柴油、机油搅匀,涂抹在鼠洞四周,老鼠出入时油粘在鼠毛上,老鼠便本能地用舌舔毛,柴油、机油慢慢地随着消化液进入肠胃,使其受腐蚀而中毒死亡。

⑥清明节前后,虽然气温慢慢回升,但春天风大,气温变化无常,而此季正是蛇复苏出蛰的时候,也是容易死蛇的关键阶段,应特别注意防风、防寒、防冻和保温。

⑦为了获得更大的经济效益,人们往往打破蛇类冬眠的习性,使蛇尽快生长。但要注意,打破冬眠应循序渐进。比如,第一年采用晚10天降温,使蛇晚10天进入冬眠;第二年采用早10天升温,使蛇早10天出蛰。这样逐年缩短蛇的冬眠时间,以打破蛇的冬眠,延长蛇的生长时间。切不可一下子就打破蛇的冬眠习性,使蛇的正常生长规律陷于混乱,对蛇的正常生长不利。

第6节 蛇咬伤的防护及自救

蛇分无毒蛇和毒蛇两类。无毒蛇咬伤只在人体伤处皮肤留下细小的齿痕,轻度刺痛,有的可起小水泡,无全身性反应,可用70%酒精消毒,外加纱布包扎,一般无不良后果。毒蛇咬伤在伤处可留一对较深的齿痕,蛇毒进入组织,并进入淋巴和血流,可引起严重的中毒反应,必须急救治疗。

一、蛇咬伤的防护

对付毒蛇必须坚持"预防为主"的方针。在养殖或采毒过程中,时常要与毒蛇直接面对面地接触,一不小心,就有被咬中毒的危险。因此,需搞好蛇伤的预防工作,掌握蛇伤治疗的有关常识,健全相应的安全制度,做到防患于未然,确保毒蛇的安全养殖。

1. 搞好蛇场设施的基础建设

毒蛇养殖场一定要建在远离居民区或人们活动较少的地方。这样不仅能保证环境安静,有利于毒蛇的生长,而且能防止毒蛇万一窜出咬伤周围群众。蛇场内外必须设立多块醒目的标牌,引起过往人员的警觉。最主要的是隔离设施要达到严防毒蛇外逃的要求,如围墙、水沟、门、窗等,必须按照蛇场的构造标准去处理,千万不能草草应付或偷工减料。场内需设置照明灯具,如夜间毒蛇有异常现象或其他意外,容易被及时发觉。

2. 做好个人防护

养蛇者一定要了解所养毒蛇的活动规律和生活习性,凡事小心,严禁自恃技术熟练而徒手捉蛇。万一需要徒手捉蛇时,进入蛇园或蛇房必须两人同行,并随身携带一些防护药品。捕捉时,一定要胆大心细,随机应变,尤其是接近眼镜蛇、眼镜王蛇、五步蛇等具喷毒功能的毒蛇时,切勿面对蛇头,应保持一定距离,以防毒液喷入眼内,造成中毒。一旦中毒,必须立即用清水或生理盐水反复冲洗,或用结晶胰蛋白酶 100～200 单位,加生理盐水 10～20 毫升溶解后滴眼或浸泡眼睛,这样可将蛇毒破坏,减轻中毒症状,随后送往医院急救处理。

3. 备足蛇伤药品和工具

毒蛇养殖者整天与毒蛇打交道,难免出现失误。因此,根据所养毒蛇的种类,充分备足相应的蛇伤药品和工具。有关人员必须经常检查这些药品、工具的质量,并予以妥善保管,发现不足时应及时补充,对失效的药品必须处理、更新,以保证需要时随时取用,避免重大中毒事故的发生。

以下药品可根据各自所养毒蛇的种类进行准备。

(1) 上海蛇药(片剂、针剂):由上海中药二厂生产。主治蝮蛇、五步蛇、竹叶青等毒蛇咬伤,亦可治疗眼镜蛇、银环蛇、蝰蛇等的毒蛇咬伤。

(2) 广西蛇药(片剂):由广西荔浦制药厂生产。各种毒蛇咬伤,对眼镜蛇、竹叶青、银环蛇等咬伤疗效更佳。本蛇药具有明显的止痛、止血、利尿和兴奋呼吸中枢等功效,无特殊副作用,男女老少和孕妇都可服用。

(3) 广东蛇药(片剂、注射剂):由广东制药厂生产。主治银环蛇、眼镜蛇、蝮蛇、竹叶青、烙铁头、金环蛇和海蛇等毒蛇咬伤。

(4) 南通蛇药(片剂):由南通药厂生产,又称季德胜蛇药。主治蝮蛇及血循毒类毒蛇咬伤。

(5) 福建蛇药(水剂):由福建制药厂生产。主治各种毒蛇咬伤。

(6) 蛇伤解毒片、蛇伤解毒注射液:分别由福州部队总医院和168医院生产。主治华南地区常见的各种毒蛇咬伤。

(7) 红卫蛇药(粉剂):由江西景德镇医院研制。主治五步蛇、蝮蛇、竹叶青、眼镜蛇、金环蛇、银环蛇、龟壳花蛇、奎蛇咬伤。

(8) 广州蛇药散(粉剂、流浸膏):由广州中医学院生产,主治眼镜蛇、竹叶青、银环蛇咬伤。

(9) 湛江蛇药(粉剂):由湛江蛇药厂生产。主治眼镜蛇、竹叶青、银环蛇咬伤。

(10) 群生蛇药(片剂、针剂):由上海中华药厂生产。该药对蝮蛇咬伤有特效。

(11) 祁门蛇药(片剂):安徽祁门县祁蛇药业有限公司生产。

主治蝮蛇、五步蛇、竹叶青、眼镜蛇、金环蛇、银环蛇咬伤。

(12)青龙蛇药(片剂):江西省鹰潭市蛇伤防治研究所生产。对各种毒蛇咬伤有效,对毒蜂、蜈蚣等蜇伤也有疗效。

(13)云南蛇药(水剂):云南昆明制约集团生产。主治毒蛇咬伤。

(14)抗蛇毒血清:国内研制抗蛇毒血清的单位有广西医学院、中国科学院新疆分院、浙江中医研究所、中国科学院昆明动物研究所、中国人民解放军238医院、卫生部上海生物研制品研究所(上海塞伦生物技术有限公司),养殖者可自行联系。

上述各种蛇药,国内各大药店有售。另外还要准备双氧水等冲洗用品。

二、毒蛇咬伤后的自救

蛇伤在一般情况下,大多发病急,变化快,症状比较严重,若不积极有效地采取自救或急救,蛇毒很快进入循环系统,损害肢体或脏器组织,从而出现中毒症状,造成人体伤残,严重的会出现致人死命的后果。

蛇伤的自救或急救处理是指被毒蛇咬伤后,在短时间内尽快采取有效措施,阻止蛇毒在人体的进一步扩散,减轻和延缓中毒反应,这是治疗蛇伤过程中的重要环节,其结果直接关系救治的疗效和减少蛇伤后遗症的发生。实验证明:毒蛇咬人后,注入肌体的蛇毒扩散非常迅速,一般3分钟左右被吸收的蛇毒,即可达到一个人的致死量。因此,被毒蛇咬伤以后,首先必须沉着冷静,千万不要惊慌失措,更不能用力奔跑或大呼大叫,因呼喊、奔跑会使血液循环加快,从而使蛇毒扩散得更快。其次,被毒蛇咬伤后,一部分毒液通过毒牙已注入到肌体内,此时必须争取时间,尽快将毒液冲洗掉、排出去,这一措施会起到事半功倍的效果。在具体的操作上,动作要迅速敏捷,积极采取有效的自救或急救措施,以达到排毒和破蛇毒的目的,从而减轻中毒的危险,为入院救治打好基础。

1. 吸吮

这种排毒方法简单、效果好,是发生意外蛇伤的应急措施。做法是用口直接在伤口处进行吸吮排毒。此法能有效地将蛇毒液吸出,但一定要边吸吮边吐出,并且原则上每次必须清水漱口,以防止随唾液咽下而导致中毒。使用吸吮法吸毒液的人,原则上没有任何溃烂或龋齿、牙龈炎等口腔疾病,患有慢性咽喉炎或慢性扁桃体炎的人也不能采用此法。如将毒液吸入口中,难免有通过病变之处,吸收毒液而发生中毒的可能性。

如果伤口里的毒液不能顺畅地外流,伤口又处在较大的部位时,可用吸奶器、拔火罐等方法帮助排毒。如伤口处在较小部位时,还可用带有锌盖和胶塞的注射用小玻璃瓶,将底部磨穿、磨平滑后罩住伤口,再用注射器抽尽瓶内的空气,使其变为负压而吸毒,可反复抽 7～8 次,直到把伤口内的大部分蛇毒吸出为止。

2. 局部结扎

蛇咬伤后立即用柔软的绳、带子在被咬的上方进行局部结扎;也可用自身携带的手帕、鞋带或将衣服撕成条状。野外情况下,还可就地取材,用树皮、植物藤条等进行结扎,以减慢淋巴液和血液回流,暂时阻止肌体对蛇毒的吸收。结扎的位置应在伤口上方 2～10 厘米或超过伤口一个关节处绑扎。此法最好在伤后 2～5 分钟进行,时间越久作用越小,若被咬时间超过 2～3 小时,则局部结扎无效。

结扎的松紧度,一般以能阻止淋巴液和血液的回流为准。所以,结扎能达到阻止或减慢蛇毒吸收扩散的目的。但如果结扎得太紧,咬伤部位因蛇毒吸收后,局部高度肿胀,使结扎变得更紧,致使结扎以下的患肢有瘀血、组织坏死现象。因此,结扎后要特别注意每隔 20 分钟左右松解 1～2 分钟,以避免造成截肢的严重后果。

在有条件的情况下,于结扎的同时,可用冰块敷在伤口上部,使淋巴管和血管收缩,可更进一步减慢对蛇毒的吸收,以便争取时间进行下一步的抢救治疗。冰敷法可与结扎法同步进行,也可以在切开伤口,做完排毒处理以后,解除结扎伤口时采用。

结扎一般在得到局部有效的扩创排毒、敷药和服用有效蛇药半小时后可松除。但最好是到医院进行较彻底的局部排毒后,或经有经验的蛇医进行处理后,方可解除结扎。

结扎完以后,如伤口有毒牙残留,应迅速挑去,并立即用生理盐水、双氧水或1%高锰酸钾溶液、肥皂水等冲洗伤口,以洗掉伤口的外表毒液。若不具备以上条件,可用自己的新鲜小便洗冲。迅速洗冲完伤口后,应立即做排毒处理。

3. 排毒处理

(1)刀刺排毒:洗冲完伤口后,最好用75%的酒精对伤口周围进行消毒,再用已清洁、消毒好的三棱针或其他干净的利器将伤口挑开,但不能挑得太深,以能划破两个毒牙痕间的皮肤为原则,同时在伤口周围斜刺数孔,刀口如米粒般大小,深度可直达皮下。这样就可以防止伤口闭塞,促使毒液顺畅流出。在有条件的情况下,可用1%的普鲁卡因进行局部麻醉以减少疼痛,按无菌操作沿伤口牙痕,用小刀将伤口作"米"字形或纵形切开。切口长约1厘米,深度直达皮下组织。如局部有血泡,可在其周围作若干个小"十"字切口,以利毒液顺利排出。在将伤口切开时,必须注意避开血管和神经,同时不能切得太深,以免把血管和神经切断,造成伤口流血不止,致使蛇毒迅速扩散,或使患肢神经功能发生障碍。在进行刀刺排毒或切开伤口排毒后,要马上将受伤的肢体浸入2%的冷盐水或冷茶水中,并用手由伤口上部从上而下向伤口不断挤压15~20分钟,以求最大限度地将注入伤口内的毒液排挤、冲洗干净。

但是,被五步蛇、蝰蛇、竹叶青、烙铁头等血循类毒蛇咬伤后,一般不作刀刺排毒,以防出血不止,从而使病情迅速恶化,而应采取其他的方法来破坏蛇毒。

(2)火灼排毒:此法是利用高温来破坏蛇毒的一种方法。它取材简便、易行,早期应用的效果比较好,在民间应用较普遍。只是烧灼伤口时,伤者比较疼痛,伤口也可能有些烧伤。但是,这对破坏蛇毒,保护伤者的生命安全有积极的作用,并且灼伤的部位日后是可以医治好的。常用的火灼排毒法有火柴爆烧法和铁钉烙灼法。

①火柴爆烧法:毒蛇咬伤后,先把伤口洗冲干净后,再用消好毒的锋利小刀切开,立即取火柴头 5~10 个堆放于伤口上,用火柴点燃让其爆烧。如能反复烧灼 3~5 次,即可达到破坏蛇毒的目的。用火柴爆烧后,局部会留下烧伤焦痂,周围有小水泡或小血泡发生,应按外科常规处理换药,直至痂皮脱落、伤口完全愈合。此法适用于金环蛇、银环蛇、蝮蛇、竹叶青等牙痕较浅的毒蛇咬伤。

②铁钉烙灼法:蛇伤发生后,在确诊为五步蛇咬伤时,应马上取长约 5 厘米的粗铁钉几个,放入火中烧红,然后用手钳夹住烧红的铁钉,迅速从牙痕处垂直烙入伤口内,之后立即拔出,每个牙痕处要连续烙灼 3~4 次。铁钉烙入的深度要根据咬伤部位、毒牙痕的深浅或局部肿胀的程度而定,一般以烙入 0.5~1 厘米为宜。经铁钉烙灼后局部会留下灼伤,再按外科处理后换药,直至伤口愈合。这种方法虽可直达伤口深处破坏蛇毒,但也会造成较大的组织损伤,并且仅限于五步蛇咬伤时使用。烙灼时,要特别注意避免烙伤血管、神经及肌腱等,头、颈、胸、腹部等部位咬伤,不适用此法。

(3)塞药排毒:被毒蛇咬伤后,即用锋利的小刀将伤口处斜行切开数条,并用 1% 的高锰酸钾溶液冲洗伤口,然后再往伤口内塞入米粒大小的高锰酸钾药粒,约经数分钟后,再用清水将高锰酸钾冲去。这样可达到破坏蛇毒的作用,对于牙痕较浅的毒蛇咬伤尤为有效。

此外,当伤口切开排毒后,可用脱脂棉花以 20%～30% 的食盐或明矾水湿敷于其上。通常敷 24 小时就可以了,这对破坏蛇毒和中和蛇毒均有作用。

4. 注射法

除采用排毒处理外,还可用局部注射结晶胰蛋白酶法和局部注射高锰酸钾液法。

(1) 局部注射结晶胰蛋白酶:除采用排毒处理外,还可用局部注射结晶胰蛋白酶法。用结晶胰蛋白酶 2000～4000 单位,加 0.25%～0.5% 普鲁卡因 10～60 毫升,做伤口局部浸润注射,还可在伤口上方或肿胀上方做环状封闭,即把药物注射到某个局部的小范围内,让药物对这一特定部位发挥药效,从而达到破坏蛇毒的目的。必要时可以重复注射,一般一天 1 次,连注 2 天即可。

结晶胰蛋白酶是一种强而有力的蛋白水解酶,它能迅速破坏蛇毒的主要毒性成分毒性蛋白质,从而使蛇毒失去毒性。临床上用来早期治疗各种毒蛇咬伤,可获得较高的疗效。

(2) 局部注射高锰酸钾液:先用 0.25%～0.5% 普鲁卡因 20～40 毫升做局部封闭,然后用 0.5% 高锰酸钾液 5～10 毫升做伤口局部注射。当蛇毒遇到高锰酸钾液时,即发生氧化作用而被破坏。

早期用来治疗各种毒蛇咬伤,可收到较好的效果,但高锰酸钾对肌体组织有强烈的损害作用,注射后可引起剧烈疼痛,故不宜多用。同时,还要注意高锰酸钾不能与普鲁卡因混合使用,因二者混合后会起化学反应,就失去了破坏蛇毒的作用。

5. 口服药法

蛇咬伤后要及时口服相应的解毒药。服用蛇药后,会产生轻度腹痛、肠鸣和腹泻。腹泻症状明显时,用药量应酌减。用药剂量不必按年龄、体重递减。孕妇服用蛇药必须慎重,以防流产或早产。

(1) 上海蛇药：可单独使用，如与冲剂配合使用疗效更佳。首次服 10 片，以后每小时服 5 片，病情减轻后可改为 6 小时服 5 片。一个疗程 3~5 天，病情较重可酌情增加。

(2) 广西蛇药：口服，首次 15 片，以后每 3~4 小时服一次，每次 10 片，至病人中毒症状消失。严重患者服药量加倍，间隔时间适当缩短。口服困难者可鼻饲给药。

(3) 广东蛇药：轻型或中型病人第一次服 14~20 片，以后每小时服 7~14 片，病情好转后改为 1 天服 4 次，每次服 7 片。危重病人第一次服 20 片或使用注射剂，每小时肌肉注射 2~4 毫升。

(4) 南通蛇药：第一次 20 片，先将药片捣碎，用米酒 50 毫升（不能喝酒的患者酒量可酌减）加适量开水，调匀内服。以后每次服 10 片，每 6 小时 1 次，服至患者全身中毒症状消失，患肢肿胀消退时，便可停止服药。

(5) 福建蛇药：第一次服 100~200 毫克，病情重者可增加至 300~400 毫克，每 3~4 小时服 1 次。病情减轻后，每次改为 50 毫克，每天服 3~4 次，一般 1 个疗程为 3~5 天。

(6) 蛇伤解毒片：首次 20 片，以后每 4~6 小时内服 7~10 片，中毒症状好转后酌情减量，连服 5 天。

(7) 红卫蛇药：口服，每次服 6 片，1 日 4 次，首剂加倍，用温开水或米酒送服。对未破溃肿胀伤口，用烧酒或 70% 酒精调匀外敷。

(8) 广州蛇药：首次 14~20 片，重症者首次加倍，以后每 3~5 小时 7 片，用温开水送服。

(9) 湛江蛇药：口服，首次服 9 克，以后每隔 3 小时服 4.5 克，严重者隔 1 小时服 4.5 克。服药后若有腹痛，可饮少量糖水；若有胸翳现象，多饮开水。

(10) 群生蛇药：水剂首次服量为 20 毫升，以后每次 10 毫升，每日 3~4 次。针剂首次量 4 毫升，以后每次 2 毫升肌肉注射，每日4～6次。重症患者酌情增加剂量,儿童剂量酌减。水剂和针剂视中毒病情需要,可单独或合并使用。

(11)祁门蛇药:首次12片,每日4次,以后每次服8～10片。

(12)青龙蛇药:每次服10～20片,每日4～6次,冷开水吞服,首次用量加倍。

(13)云南蛇药:内服一次20～30毫升,一日4～6次。外用外擦适量。

6. 抗蛇毒血清法

抗蛇毒血清是专供治疗毒蛇咬伤的特效药物,它具有中和蛇毒的作用。在现有临床蛇药中,还没有一种药物的疗效能超过它。其他药物目前还只能作为抗蛇毒血清的辅助治疗药物。

抗蛇毒血清大都是用马进行免疫、采血、提纯制备的,用抗蛇毒血清治疗各种毒蛇咬伤,是目前治疗蛇伤最理想的特异性药物,它具有直接中和蛇毒的作用,临床效果较为肯定。运用抗蛇毒血清越早,疗效越显著。目前,国内生产的抗蛇毒血清,有精制抗银环蛇毒血清、精制抗蝮蛇毒血清、精制抗五步蛇毒血清、精制抗眼镜蛇毒血清、精制抗蝰蛇毒血清、精制抗金环蛇毒血清、精制抗新疆蝮蛇毒血清等。其中精制抗蝮蛇毒血清尚可治疗竹叶青和烙铁头两种等毒蛇咬伤;精制抗银环蛇毒血清与精制抗眼镜蛇毒血清合用,对眼镜王蛇咬伤亦有明显疗效。对人类和牲畜危害较大的几种主要剧毒蛇和毒蛇,现在基本上均可用特效精制抗蛇毒血清进行治疗。

抗毒蛇血清为无色或淡黄色澄明液体,含硫柳汞防腐剂,久置可析出少量能摇散的沉淀。

(1)抗蛇毒血清的用法:在使用抗蛇毒血清时,为了防止过敏反应,必须先做皮内试验。取0.1毫升抗蛇毒血清加1.9毫升氯化钠注射液,即20倍稀释,在前臂掌侧皮内注射0.1毫升,经20～30分钟,注射部位皮丘在2厘米以内,且皮丘周围无红晕及蜘蛛足者为阴性,才可使用;若遇有皮试呈阳性者,而又必须使用抗蛇毒血清时,应按常规脱敏注射。如遇有伤口污染者,应同时注射破伤风抗毒素1500~3000单位,预防由蛇伤引发破伤风。

(2)国内各种抗蛇毒血清的每次常用量

蝮蛇咬伤:一般注射抗蝮蛇毒血清6000单位。

五步蛇咬伤:一般注射抗五步蛇毒血清8000单位。

银环蛇咬伤:一般注射抗银环蛇毒血清10000单位。

眼镜蛇咬伤:一般注射抗眼镜蛇毒血清2000单位。

金环蛇咬伤:一般注射抗金环蛇毒血清5000单位,亦可注射抗银环蛇毒血清5000单位。

蝰蛇咬伤:一般注射抗蝰蛇毒血清5000单位。

烙铁头咬伤:一般注射抗蝮蛇毒血清6000单位。

竹叶青咬伤:一般注射抗蝮蛇毒血清6000单位。

眼镜王蛇咬伤:一般注射抗银环蛇毒血清10000单位。

(3)使用抗蛇毒血清的注意事项

①避免延误使用抗蛇毒血清的时机:一旦确诊是毒蛇咬伤,应立即使用相应的抗蛇毒血清治疗。抗蛇毒血清的使用原则是越早越好。

②避免剂量不足:这常发生在小儿蛇伤患者的治疗中。毒蛇咬人时,其注入的蛇毒量是由该蛇的大小和蛇种所决定的,而不取决于被咬者体重的大小。因此,无论大人还是儿童,均应注入相同量的抗蛇毒血清。

③抗蛇毒血清的正确贮存:应贮存于25℃以下的阴暗处,以2~10℃为最佳。

④抗蛇毒血清过敏反应:遇有血清过敏反应,立即肌肉注射扑尔敏。必要时,应用地塞米松5毫克,加入25%~50%葡萄糖注射液20毫升静脉注射,或氢化可的松琥珀酸钠135毫克,或氢化可的松100毫克加入25%~50%葡萄糖注射液40毫升做静脉注射,亦可静脉滴注。

三、蛇伤早期救治易出现的错误

毒蛇咬伤往往发生得很突然,人们如果缺乏正确的早期救治知识,容易在救治中出现一些错误的处理。现将蛇伤早期救治中易出现的错误分列如下:

(1)许多蛇伤患者在发现自己被毒蛇咬伤后,感到非常惊慌或惧怕,自己急忙往医院奔跑或被人们扶着往医院或诊所跑,这是最常见的错误。疾速奔跑会促使蛇毒在体内的吸收、扩散,特别是下肢咬伤者尤为显著。正确的方法是,首先在毒蛇咬伤现场作急救处理,如结扎、洗冲、挤压排毒等;然后用担架、板车或门板将伤者送往医院,或背着送往医院救治。

(2)不正确的结扎或结扎过紧,致使伤肢由于缺血而坏死。用强酸或强碱处理伤口,如使用过量,也会造成不必要的组织损伤或坏死。

(3)就医时陪同人员不能准确说出所养毒蛇的种类,使医生无从参考。

第6章 蛇病害与天敌的防治

蛇由自然环境转入人工饲养环境后,极易感染和继发各种疾病。这与饲养环境、致病微生物以及不同品种的蛇在不同生长阶段的体质有关。饲养环境包括饲养场地、蛇窝的设计、饲料品种与质量、饲养密度和环境内外温度、湿度的调节;致病微生物包括真菌、细菌、霉菌以及各种寄生虫;蛇的体质包括蜕皮、生产、冬眠等各种因素。目前,对蛇病的防治已引起各地养蛇场的注意,大家都深刻认识到蛇病是人工养蛇的大敌,不可忽视。

第1节 蛇病发生的原因

蛇发生疾病的原因很多,概括起来包括蛇体、环境和病原体三方面。环境和病原体是蛇病发生的基本条件,蛇体是蛇病发生的根本原因。只有在不良的环境条件下,病原体才会滋生,蛇体的抵抗力才会下降,在这种状况下才会发生蛇病。

一、环 境

人工养殖毒蛇要求有良好的外界环境,也就是环境良好的微小气候(指在相对封闭的空间内气温、湿度、气流及热辐射的总称),它既受空间外气候的影响,又有本身的调控能力,并与蛇体体温调节关系密切。其中影响较大的有环境因素、化学因素及人为因素。

1. 环境因素

导致蛇病发生的环境因素主要是温度和湿度。蛇是变温动物,气温的变化会直接影响蛇的生长发育、繁殖及代谢功能。温度过高或过低都会危害蛇的生存。温度变化大且忽高忽低时,蛇的捕食量就会明显减少,造成蛇体质下降,一旦病原体侵袭就会感染蛇病。另一方面,温度升高时,绝大多数病原体的繁殖速度成倍增长,这样蛇被感染的机会就会大大增加。湿度也与蛇病的发生有一定的关系,湿度太大,各种霉菌、寄生虫以及一些胃肠道传染病的病菌大量繁殖,通过皮肤及消化道入侵,使皮肤发霉、蜱螨寄生,同时发生腹泻等疾病。此外,蛇场中地面的玻璃、石头、金属丝等的摩擦也会损伤蛇的皮肤,为病菌的入侵创造条件。

2. 化学因素

化学因素主要包括毒物、农药和重金属的污染以及场内腐败的有机质污染,它们影响水池、水沟中水的水质,还包括被捕食动物造成的污染。所有这些有害物质均能直接刺激蛇体,使其正常的生理功能受到影响,发生中毒症状或带来疾病。

此外,蛇场、蛇房及蛇窝中的蛇尸、蛇粪及各种小动物的死尸长久不清除,都因腐败而产生有毒的气体,容易导致蛇皮肤腐烂及呼吸道疾病。用药物进行消毒时,浓度不合理、消毒方法不对,也会给蛇带来毒害。

3. 人为因素

人为因素可造成对蛇不利的生存环境,降低蛇体的综合抗病能力,这也是导致蛇生病的原因。蛇场选址不当,如建造在农药厂附近及嘈杂的农贸集市之地,往往使蛇不能正常捕食、活动,长期处于惊慌、不舒适的状态之下。因此,蛇体瘦弱多病,死亡多。

此外,饲养管理不当、过多的人为干扰、放养密度过大、饲料单一、混合饲料中肉发霉变质、投喂不定时定量等,都容易引起营养缺乏症和胃肠炎等。长久如此,会破坏蛇的肝、肾及胃肠的正常功能,这也会诱发或加重蛇病,造成蛇大量死亡。

二、病原体

病原体包括病毒、病菌、真菌及寄生虫等,不少蛇病是由于各种病原体侵袭蛇体,产生毒素引起蛇体的新陈代谢失调,各器官产生形态结构和生理机能变化而造成的。由此可见,如果没有病原体的存在,就不会发生疾病,尤其是传染病。

三、免疫系统

蛇体内的免疫体系专门消灭入侵蛇体内的病菌和病毒,但当饲养管理跟不上时,如营养不足、温湿度不适等,免疫功能就会急剧下降,蛇体的抗病力明显降低,在病原体侵袭之下蛇就极易患病。

此外,在运蛇或捉蛇的过程中,动作过大、手法不对、工具粗糙等易损伤蛇的皮肤。还有饲养人员乱丢病蛇、死蛇,也会加速疾病的传染。知道了上述病因后,对蛇病的预防就有了依据,同样对疾病的治疗也就有了办法。

第2节 常见疾病的预防

蛇通常藏匿于阴暗的蛇窝之中,发病的早期症状不易被察觉。一旦发生疾病,由于饲养密度大,难于及时用药治疗。所以,蛇养殖要贯彻"预防为主,防重于治,严格消毒,及时治疗"的原则,采取综合措施,提高预防效果。

一、日常检疫

应用各种诊断方法对出入蛇类进行检查,并采取相应的治疗防护措施,防止疾病的发生和传播。

1. 引种检疫

引进的种蛇必须来自于健康的种蛇场,外来种蛇未经隔离观察不可混入原来的蛇群。确定无病且不带病菌后方可混入养殖。

2. 日常检疫

在平时饲养过程中定期抽查,发现疫情及时处理。

3. 出场检疫

检查出售的蛇及产品,保证质量,减少和杜绝疫病传播。检疫项目为蛇的常见病,如口腔炎、肺炎、胃肠炎、体内外寄生虫、霉斑病及其他细菌疾病等。

二、做好环境消毒

在蛇类人工养殖的状况下,常规的药物消毒必须跟上,否则引起疫病时会酿成严重后果。

1. 化学消毒

现在面市的消毒药物可谓名目繁多,但那些有刺激性、有异味、有腐蚀性的消毒剂不能盲目乱用,如烧碱、来苏儿、84消毒剂、福尔马林(甲醛)等。蛇场常用的消毒剂应是广谱杀毒、低毒高效、祛除异味、可饮服的为好,如新洁尔灭、硼酸、百毒杀、高锰酸钾、滴康王、威岛消毒剂和菌毒消毒剂(必须用热水稀释)。这些消毒剂无异味、无刺激、无毒副作用,很适合养蛇场(户)交替使用。

(1)新洁尔灭(溴苯烷胺)溶液：一般为5％浓度瓶装，具有杀菌和去污效力，渗透性强，常用于养蛇用具和种蛋的消毒，浸泡器械时应加入0.5％亚硝酸钠，以防生锈，0.05％～0.1％水溶液用于洗手消毒，0.1％溶液用于蛋壳的喷雾消毒和种蛋的浸泡消毒。

(2)硼酸：为外用杀菌剂、消毒剂、收敛剂和防腐剂。对多种细菌、霉菌均有抑制作用。用作杀虫剂可以做成含有引诱剂(砂糖等)的饵料杀死昆虫，直接用干燥的硼酸也有同样的效果。

(3)百毒杀：主要用于蛇舍、饲养场的环境消毒，公共场所消毒以及器械、饮水、种蛋消毒等。本品可有效地去除舍内氨气及硫化氢等有害气体，改善饲养环境，有效防止呼吸道疾病发生。本品能迅速杀灭各种细菌、病毒等致病性微生物。环境、器具、种蛋消毒按1∶400倍水稀释使用。

(4)高锰酸钾：是一种强氧化剂，常用于饮水罐、水槽和食料槽的消毒，使用0.05％～0.2％水溶液。

(5)威岛消毒剂：本产品是以异氰尿酸盐为主要成分精制而成，具有极强的杀菌能力和超广谱性，其独特的杀菌机理决定了在极低稀释浓度和很短时间内，能迅速杀灭病原细菌、真菌、病毒及部分原虫；无残留，安全性高，不产生抗药性及交叉抗药性现象，能显著降低畜禽死亡率，恢复快，生长迅速。

(6)菌毒消：广泛用于各种细菌、病毒性疾病的预防和治疗。按说明书稀释后全池泼洒。

(7)抗毒威：本品为复方广谱抗病毒类药物，作用机制是促使T淋巴细胞的分化、增殖，增强细胞免疫能力，诱导机体产生细胞介素，抑制病毒复制。本品进入体内后易被吸收，几乎分布于所有的组织和体液中，对多种病毒性疾病及混合感染效果明显。

(8)草木灰消毒液：取农家草木灰，配制成30％的水溶液，可用于蛇场和蛇窝的常规消毒。对杀死多种病毒和细菌有很强的效果。若将此溶液加热到70℃时，杀菌的效果还会更好。

(9)生石灰消毒液:用生石灰的澄清液消毒,既方便又实惠。取上等的生石灰块,配制成10%～20%的澄清溶液,可杀死多种传染病的病原体,常用于蛇场内的场地消毒和墙体消毒。如蛇场内活食饵存量较多、密度较大时,不宜使用此溶液。石灰可自空气中吸收二氧化碳变成碳酸钙失去作用,所以应现配现用,久贮后不宜使用。

(10)漂白粉药液消毒法:药液配比按3%～5%即可,可直接用于消毒场地、蛇窝、墙体或有关器具。因对金属有一定的腐蚀性,不能用金属器皿盛药。此药液也是现用现配。

2. 物理消毒

清扫、洗刷、日晒、通风、干燥及火焰消毒等是简单有效的物理消毒方法,而清扫、洗刷等机械性清除则是蛇场使用最普通的一种消毒法。对粪便可采用焚烧和生物发酵消毒;注射器材、小型用具、工作服等煮沸消毒。

(1)煮沸法:适用于金属器具、玻璃器具等的消毒,大多数病原微生物在100℃的沸水中,几分钟内就被杀死。

(2)蒸汽法:适用于注射器等的消毒,可蒸笼蒸煮,也可高压蒸汽蒸煮,效果更好,可杀死细菌芽孢。

(3)紫外线法:许多微生物对紫外线敏感,可将物品放在直射阳光中,也可放在紫外灯下进行消毒。

(4)焚烧法:可用火焰喷射法对金属器具、水泥地面、砖墙进行消毒。对动物尸体也可浇上汽油等点火焚烧。

(5)机械法:即清扫、冲洗、通风等,不能杀死微生物,但能降低物体表面微生物的数量。

3. 生物学消毒

常用于粪便、垫料的处理。一般采用堆沤法,将粪便、垫料运到蛇舍百米外的地方,在较坚实的地面上堆成一堆,外盖10～20厘米厚的土层,经过一段时间发酵,堆内温度可达60～70℃,经

1~2个月时间,堆中的病原微生物可被杀灭,而堆积物将成为良好的农家肥。

4. 注意事项

蛇场消毒少不了用消毒药,但不能长期单一使用同一品种的消毒液(剂)。这样容易引起病原体和细菌的抗药性,使消毒效果明显降低,起不到应有的消毒杀菌作用。科学的使用方法应该是:多选几种常用的消毒药(剂),在蛇场常规消毒时,最好交替轮换使用,这样就不会产生抗药性了。

第3节 常见疾病的治疗

蛇类在自然界中的病态状况,一般不被人们所注意,但在人工饲养状态下,蛇类的患病状况,便显露在人们面前。由于人工饲养商品蛇的历史较短,生产规模有限,对蛇的疾病状况及蛇病防治研究较少,也不够深入。随着养蛇业的发展,预防和治疗蛇的疾病便越来越突出。

对于蛇病,应积极贯彻"全面预防、及时治疗、防重于治"的原则。只要加强蛇场管理,搞好清洁卫生,增强蛇的体质,了解蛇病的发生规律,采取综合性的预防措施,蛇的疾病是可以大大减少的。

一、蛇场常用药物

目前,常用的药物有消毒药物、抗菌药物以及消化系统用药、呼吸系统用药等,种类繁多。抗生素原称抗菌素,是细菌、真菌、放线菌等微生物的代谢产物,以其低微的浓度就可以抑制或杀灭病原微生物及全身性细菌感染,是临床上常用的、不可缺少的高效药物之一,同样适用于蛇病的预防和治疗。实践证明,在蛇的食饵中注射适量的抗生素,不仅能预防蛇类疾病,而且还能改善蛇类的新陈代谢,促进生长,提高饲养成活率和饲料转换率。

常用的抗生素有青霉素、红霉素、先锋霉素、氯霉素、庆大霉素和土霉素等。使用粉针剂型抗生素时,如青霉素、链霉素等,应现用现配,稀释后的药液超过 24 小时后禁止使用。

1. 青霉素

青霉素是一种常用的抗生素,在动物饲养中应用非常广泛,一般对革兰阴性菌不敏感。常应用于蛇类肺炎、脑膜炎、外伤感染等化脓性炎症,均有良好的效果。在使用该药时,首先要看是否是同一批号的,然后再针对病蛇大小或身体状况等,掌握好用药剂量,千万不能超剂量使用,以免造成病蛇中毒死亡。注射用青霉素钾(钠)盐的肌注量为 0.4 万~0.8 万单位/千克。为了保持病蛇体内的有效浓度,应每隔 6~12 小时肌注一次油剂普鲁卡因青霉素(西林油),肌注量同青霉素钾盐。对体形较大的病蛇,可采取点注方式,以利病蛇的吸收和减少不适。

2. 红霉素

红霉素能影响菌体蛋白质的合成过程,对革兰阳性菌和支原体有良好效果,主要用于防治呼吸道疾病。治疗时用红霉素 20~50 毫克/千克拌料连用 5~7 天,红霉素 100 毫克/千克饮水 3~5 天,红霉素注射剂 20~50 毫克/千克体重肌注,连用 3 天。

3. 先锋霉素

先锋霉素类是广谱抗生素,其结构和作用机理与青霉素相似,能抑制细菌细胞菌壁的合成。本类药物对葡萄球菌、链球菌、肺炎菌等革兰阳性菌(包括对青霉素耐药性菌株)有较强的抗菌作用,对革兰阴性菌如大肠杆菌、沙门氏菌、多杀性巴氏杆菌等也有抗菌作用,但对绿脓杆菌、结核杆菌、真菌等无效。临床上常用于葡萄球菌病、链球菌病、大肠杆菌病的防治。注射用先锋霉素Ⅰ，每支0.5克，用量按每千克体重10~20毫克肌肉注射，1日1~2次。头孢氨苄胶囊，0.125克/粒，0.25克/粒，蛇内服，按每千克体重10~25毫克，1日2次。本品不宜与庆大霉素联合应用，与青霉素之间偶尔有交叉过敏反应。

4. 氯霉素

本品为广谱抗生素，低浓度能抑制细菌生长繁殖，高浓度则可杀灭细菌，对多种革兰阳性菌和革兰阴性菌均有效，但对革兰阴性细菌的抗菌作用比革兰阳性细菌强，主要用于治疗肠道细菌性感染及伤寒、副伤寒杆菌感染。氯霉素片规格0.25克（25万单位）；氯霉素注射液规格2毫升（0.25克，25万单位），治疗时，多采用肌肉注射。本品也忌与碱性药物配伍。

5. 庆大霉素

庆大霉素为广谱抗生素，能影响菌体蛋白的合成，对葡萄球菌、链球菌、肺炎球菌等革兰阳性菌有作用，对变形杆菌、绿脓杆菌、大肠杆菌、沙门菌等革兰阴性菌也有杀菌和抑菌作用，还对结核杆菌、支原体有较强的作用。抗菌活性在偏碱性环境中最强。本品可用于治疗敏感菌引起的呼吸道、肠道、泌尿道等部位的感染及败血症，对大肠杆菌病、葡萄球菌病、慢性呼吸道病等均有疗效。

6. 链霉素

链霉素现有硫酸链霉素和硫酸双氢链霉素两种，主要用于革兰阴性菌。本品极易溶于水，内服时不易吸收，也不易被破坏，肌肉注射吸收快，常用于防治呼吸系统、消化系统、泌尿系统等感染。本药易产生耐药性，临床使用3~4天未见好转应改用其他药物。治疗时每千克体重10万~15万单位。

7. 土霉素

本品为广谱抗生素，主要抑制细菌的生长繁殖，对革兰阳性菌和革兰阴性菌都有拮抗作用。土霉素易溶于水,主要用于防治细菌性胃肠炎、弧菌病、大肠杆菌病等,对气管炎、肺炎也有一定的疗效。土霉素多为口服,用量为每千克体重 0.03～0.05 克。本品忌与碱性溶液和含氯量多的自来水混合。

8. 喹诺酮类药

本品包括氟哌酸和吡哌酸等,对绝大多数革兰阴性菌如大肠杆菌、沙门菌、巴氏杆菌等有良好的作用。主要用于治疗腐皮病、胃肠炎等。口服时,每千克体重 0.25～0.30 克。

9. 磺胺类药物

一般只有抑菌作用,无杀菌功能,对大多数革兰阳性菌和部分革兰阴性菌有抑制作用菌,可用于防治大多数细菌性疾病。本品水剂碱性很强,对组织有刺激性,只能静注或深部肌注。本品主要有磺胺噻唑(消治龙)、磺胺二甲嘧啶(SM2)、磺胺间二甲氧嘧啶(SDM、长效磺胺 E)等。首次用药量增加 1 倍,以增强效力,第二次起减半药量。

10. 呋喃类药

包括呋喃唑酮(痢特灵)和呋吗唑酮等,具有广谱抗菌性,对多数革兰阳性和阴性菌及球虫病均有疗效,在酸性环境中效力增强,专门治疗肠道沙门菌感染。内服用量为每千克体重 0.005～0.008 克。

11. 驱虫药

驱虫药物是指蛇在高密度饲养条件下,为确保蛇免受一些寄生虫的入侵和危害,将治疗和预防用的抗寄生虫药物。各种品牌不同的驱虫药物,尽管在用法上、应用时间上有所差异,但其目的性基本一致,即有效驱除蛇机体致病的寄生虫,达到让蛇健康的生长发育,提高养蛇效益。

当前,对蛇威胁最大的便是寄生虫。随着医药事业的不断发展,新的高效驱虫药物不断问世,一些药效高、用量少、毒性低和广谱驱虫药物不断面市,其应用量也正在逐步扩大,已显示出较好的效果。

蛇驱虫常用的药物有以下几种:

(1)丙硫咪唑(史克肠虫清):本品为广谱驱虫药,除用于治疗钩虫、蛔虫、鞭虫、蛲虫、施毛虫等线虫病外,还可用于治疗囊虫和包虫病,驱虫率达94%～100%。

(2)奥苯达唑(丙氧咪唑):为广谱驱肠虫药。本品对棒线虫成虫、幼虫均有驱杀作用,驱虫率可达82%～100%,反复使用无中毒作用;还可驱杀蛔虫、鞭节舌虫、圆线虫等寄生虫。

(3)苯矾咪唑:本品对圆线虫、蛔虫、棒线虫有驱杀作用,驱虫率达90%～98%。

此外,常用的驱虫针剂还有左旋咪唑、四氯化碳、阿维菌素和伊维菌素。使用时,可参照产品说明具体使用,正确掌握用量和用法,方能取得令人满意的驱虫效果。

12. 抗菌中草药

用中草药防治蛇病是一个全新的无害化养蛇新概念和新途径,是生产绿色食品(蛇肉)的重要手段,是减少蛇肉、蛇胆等抗生素残留的好办法。所以,应用中草药防治蛇病是社会发展的必然趋势。

中草药在使用时最好用复方,因为这样既可以防止产生毒副作用,又可发挥相互间的协同作用和调解作用,全面提高中草药的治疗效果。用中草药治疗蛇病的方法多为间接给药法和药浴法。间接给药法可熬汁过渣后注入饵料中或兑入饮水中。药浴法则煮成高浓度的药水凉透后直接浸泡。

(1)大蒜:具有止痢、杀菌、健胃等作用。用于防治细菌性肠胃疾病。用量为每千克体重日用量6～10克。

(2)生姜:具有抗菌、解毒、驱寒、杀虫作用。主治胃肠炎、胆囊炎等。用量为每千克体重日用量15～20克。

(3)苦参:具有清热祛湿、祛风、杀虫等功效。主治真菌感染。用时煮成浓度5%的药液浸洗蛇身,或直接清洗蛇体生霉菌的部位。

(4)紫苏:具有发散风寒、行气健胃等作用。主治消化不良、呕吐、止喘、气管炎等。每千克体重日用量为干品2克。

(5)溪黄草:具有清肝凉肺、清热解毒、祛湿热的功效。主治肺炎、肝炎等。每千克体重日用量为干品1克。

(6)大青叶:具有清热泄火、凉血解毒、散淤止血等功效。主治各种细菌性感染、肺炎、气管炎等。每千克体重日用量为干品5克。

(7)狗肝菜:具有平肝清热、清热凉血、祛湿利水等作用。主治肝炎、肺炎、疮疖等。每千克体重日用量为干品3克。

(8)白花蛇舌草:具有消肿、解毒、止痛、活血等功效。主治胃肠炎、气管炎、蛇外伤等。每千克体重日用量为干品4克。

(9)大黄:具有抗菌、收敛、泄下的作用。主治细菌性胃肠病。每千克体重日用量为干品0.01克。

(10)鱼腥草:具有清湿热、解毒、化脓、消肿等作用。主治肺与呼吸道炎症及皮肤溃烂。每千克体重日用量为干品5克。

二、给药方法

蛇病治疗的给药方法主要有口服法、注射法和药浴法。

1. 口服法

对不能自动进食的蛇,药物拌入饲料中,捕捉病蛇人工填喂;对能主动进食的病蛇,将药物混入饵料中或加入饮水中,病蛇在吃食或饮水时摄入体内;给予液体药物时,采用直接灌服,但灌服法操作比较困难,且蛇易发生呕吐,操作时要注意安全,细心操作,防止反吐。

口服给药后应观察4小时内未吐出则投药成功,4小时内吐出药的,减半药量重新投药。全群预防时可通过饮水或饲料给药,用药前停食或断水5小时以上,稍后根据食量或饮水量投药。药浴时注意不让药物进入蛇口内。

2. 注射法

注射法比口服法进入蛇体内的药量更准确,且吸收快、疗效高、用药量少,此法常用于治疗重病的蛇。

(1)注射方法:常用的注射法有肌肉注射和皮下注射。肌肉注射是将药液注入脊部肌肉内,皮下注射是将药液注入脊部鳞片的皮下。每次注射的药液剂量以1~3毫升为宜。注射数量较大时,应使用可调式连续注射器比较方便。

(2)注意事项

①忌不消毒给蛇注射:使用的针管、针头和可调式连续注射器要煮沸半小时,消毒后再用。注射时,最好用酒精棉球擦拭蛇的注射部位。注射完后,再用棉球消毒针头,给病蛇打针时最好1条蛇换1个针头。

②忌扎尾部:许多初养蛇者受人打针选臀部的影响,认为给病蛇打针的最佳部位应在尾部,殊不知蛇尾神经密布,稍有不甚便会造成尾部神经损伤,引起病蛇不适,严重者导致死亡。所以,在给病蛇打针时应选择心脏以下、脊骨两侧的肌肉丰满处。

③忌用粗针头:用粗针头给病蛇打针,因扎针较浅、针眼大,药水注入后容易流出;并且针眼大,导致针注部位发炎、流血,从而降低防治效果。

④忌在胸部竖刺:给病蛇肌肉注射时不宜竖刺,因蛇类的胸腔薄,基本上没有肌肉,竖刺容易穿透胸腔,将药液注入胸腔,引起死亡。正确的方法是从蛇鳞的缝隙间平刺扎针,切忌深注。

⑤忌在一处注入大量药液:蛇类的肌肉肥厚度比家禽薄许多,若在一个注射点一次性注入大量药液易引起局部肌肉损伤,不利于药物的快速吸收。应将药液分次多点注入病蛇肌肉,特别是注射青霉素这一类刺激性较强的药物,宜采用多点分注的方

式,可有效减少因吸收慢而带给病蛇的痛楚。

3. 药浴法

将病蛇集中在较小的容器内,用较高浓度的药液进行洗浴,以杀灭蛇体表的病原体。一般适用于治疗皮肤病或寄生虫。用药剂量根据药物的使用说明灵活掌握,一般按体重给药,蛇体小、瘦弱按药量的下限给药,蛇体大、体胖按药量上限给药。

三、蛇病的判断

毒蛇的疾病多发生在冬眠后的春末。蛇生病之后,一方面会表现出各种异常情况,如经常横卧窝外,色灰暗而神呆滞,很少进食,反应迟钝,口半张或闭气,不吐舌或很少吐舌,勉强爬行时,行迹多曲折而迟缓,捕食减少或拒绝吃食等;另一方面蛇的外部形态和内部结构会出现各种病变。这两方面的变化是发现病蛇以及进行诊断的主要依据,并由此查明蛇发病的原因,以便对症下药,及早治疗。

诊断方法主要包括现场检查和实验室检查。现场检查又称临床诊断,是利用人的感官和手进行现场检查,根据所掌握的病状进行初步诊断。实验室检查又称实验室诊断,是在临床诊断的基础上,利用仪器和化学药物进行病原体分离、培养、鉴定、寄生虫检查以及毒物分析、测定等,可提供准确的判断,比现场检查更完善,缺点是一般养户难以做到。

1. 蛇体检查

(1)检查顺序:进行蛇体检查,先将蛇头固定好,然后仔细观察鼻孔外侧、口角以及眼睛周围是否有破损的皮肤、异样分泌物或蜱、螨、虱等小寄生虫。

(2)口腔观察:可以用长约12厘米的棉棒缓慢插入口腔后部并轻轻搅动,细心观察黏膜表面,若呈点状出血或有局部坏死者即可判断为口腔炎(亦称口腔内膜炎);黏液分泌较多者为呼吸道感染。

(3)肺部听诊:处于蜕皮期及个体较大的蛇,呼吸音一般较粗;若咽喉部有明显杂音时可判断异常。

(4)体外触诊:用大拇指从蛇的头部开始沿腹部往下缓慢深压,可依次感觉到其心、肝、胃、胆、卵和肾,但是,触摸只能感知胃壁的异常增厚,其他病症还难以触知。

(5)寄生虫检查:蜱、虱类可以从排泄腔处检查。粪便一般贮存于蛇尾 1/3 处,轻轻挤压该部位即能获取少量尿粪作为样品,再经离心获取滤液并使其溶于高渗溶液(硫酸亚铅)后做镜检,可查出线虫和涤虫的卵。原虫类可从潮湿粪便、结肠内容物及排泄物处发现。

此外,如发现死蛇可进行剖检。剖检时,主要观察各种内脏器官的自然位置、形状、大小、色泽、质地等,有助于了解或找到疾病的性质,从而对症下药。

通过上述现场调查,大致可以初步诊断出疾病的种类。但有时还不能做出确诊,有待实验室的进一步调查。

2. 实验室检查

通过现场调查进行了初步诊断后,就要在实验室内利用显微镜及其他仪器和药品进行进一步的确诊。为了使实验室获得更准确的诊断结果,一要采取典型的、有明显变化的器官及胃肠物进行检查;二要用清洁无污染的瓶或袋来装;三要及早送检,变质的器官不能送检,路途较远的应加入冰块降温,防止送检料变质。

四、病蛇隔离

饲养人员要认真观察记录蛇的采食量、饮水表现、粪便、精神状态、活动、呼吸等基本情况,一旦发现有典型症状或有某些疾病前兆的蛇,应及时捉出单独喂养和隔离治疗,以防感染其他健康蛇群。特别是有肺炎和口腔炎引发的蛇类疾病,更应及早隔离治疗,并对病蛇的栖息处作重点消毒处理。与病蛇及污染环境有过明显接触,但无症状的蛇列为可疑蛇,应在消毒处理后另行隔离观察,如有症状出现,按病蛇处理和治疗,若1~2个月内无症状则归群饲养。

若发现每天都有几条病蛇的话,除将症状严重或活动反常的蛇及早取出隔离外,还应作一次全场彻底消毒,把场内所有蛇类全部集中起来进行药物免疫,以防病情扩散和蔓延。对已死病蛇,不要随便丢弃在场内或蛇场周围,应远离蛇场后挖坑深埋。

五、常见病的治疗

1. 口腔炎

病蛇两颌肿胀,口腔内有脓性分泌物,吞咽困难,如不及时处理,蛇很容易死亡。

【病因】

多发生于有毒蛇类,如眼镜蛇、蝮蛇、金环蛇、银环蛇、五步蛇等。如在采蛇毒、灌药或填食时用力过猛或捕捉时刮掉了毒牙,蛇在捕食大的活食时不慎被骨头或其他硬物刺伤了口腔;误食了有刺激性的物质,如误饮石灰水、福尔马林溶液等损伤了口腔黏膜;幼蛇在冬眠期间不吃食,口腔中唾液少,杀灭细菌的能力低,此季如果蛇窝潮湿,病菌会大量繁殖,一旦入侵幼蛇口腔则趁机繁殖,因而冬眠刚过的幼蛇易发生口腔炎。一旦发现此病,应把病蛇及时隔离治疗,严重的应杀掉。

【症状】

初期会发生急性炎症,如局部肿胀,牙根红肿,两颌肿胀,口不能开闭自如,疼痛不安,常将头昂起;继而在毒素的侵害下病状加重,局部产生化脓溃烂,口腔黏膜大量脱落,致使脓液外流。此时可见病蛇精神不佳,不愿爬动,往往张开大口喘气,张口后不能闭合,舌头伸不出,食物难以下咽,如果治疗不及时,3~5天后死亡。一旦毒素入血,常会引起全身败血症而加快死亡。

剖检死蛇可见蛇体消瘦,头部肿大,口腔内充满发臭的脓液及口腔溃烂。

【治疗】

(1)取20万单位庆大霉素1支,用少许药液兑水冲洗病蛇口腔,其余倒入茶杯(碗)内兑等量的水,将蛇头放入并摁住,让病蛇口腔充分浸泡2~3分钟,如此反复几遍。每日2次,连用3~5天即可痊愈。

(2)取适量冰硼散,装入用纸卷成的小纸筒内,将病蛇口腔轻轻撬开,把纸筒对准蛇口,将药粉撒于患处,每天2~3次,直至没有脓状分泌物渗出为止。

(3)用雷佛奴尔溶液冲洗口腔,再以甲紫药水涂患处,每天1~2次,直至没有脓性分泌物渗出时为止。

(4)取甘草粉和甘油等量,将两味药混合均匀。治疗前,先用0.1%的高锰酸钾溶液冲洗病蛇口腔,然后涂擦甘草甘油合剂,每天用药1~2次,连续3天左右。

(5)取白糖、枯矾等量研成细末,将药粉撒在病蛇口腔内。每天用药2次,连续用药2~3天。

(6)取青黛、黄连、黄芩各10克,儿茶、冰片、桔梗各6克,明矾3克,混合研末均匀,取适量药粉涂擦患处,每天用药2次,连用2~3天。

(7)金银花10克,车前草20克,龙胆草10克,加水煎熬冲洗蛇口腔,每天2~3次,亦有良好疗效。

(8)用蟾蜍一个,阴干后焙焦,加冰片5克,研为细末。再取干净的竹叶一大把熬汁(干鲜竹叶均可),将口腔冲洗干净,撒上适量药末即可。

(9)蛇舌草5克,水煎服,每天2次,连服3天。

【预防】

此病防重于治,应消除引起疾病的因素。

(1)对毒蛇实施人工采毒时,动作一定要轻柔,切不可用力鲁莽。

(2)蛇窝内若湿度过大,应将蛇窝的盖打开通风散潮,还可用石灰粉、木屑等装入用纱布缝制的袋内,放入蛇窝吸潮;如一次效果不好,可重复多次,直到干燥为止。

(3)蛇窝内也可用漂白粉溶液消毒。

(4)更换蛇窝的垫土。

2. 肺炎

肺炎是一种由病菌感染而以肺部炎症为主要病状的急性传染病。此病多发生在盛夏季节,常见于产卵后未能尽快恢复元气的雌蛇。此病具有传播快、治愈慢的特点,是目前蛇类疾患中最难治愈的病患。此病的关键在于早发现、早治疗,发现较晚时,病蛇很难治愈,会有相继死亡的现象。个别体质差的蛇由感冒也可引发此病,最后因呼吸衰竭而死。幼蛇发病多在冬春季节,该病也是幼蛇死亡的主要原因。

【病因】

夏季蛇场内温度高、湿度大、阴雨连绵及蛇窝内空气混浊的情况下,蛇类易患此病。体质差的蛇或产卵后身体消瘦、尚未复壮的雌蛇,也易患此病。热天突然将蛇置于冷水中洗浴浸泡,也容易患肺炎。

【症状】

病蛇大多张口不闭,口内有黏痰但不红肿,不思饮食,不愿归洞,喘息时有沉闷的"呼啦"声或蜕皮不畅等现象,且都大量饮水。病蛇由于肺部发生炎症,肺部渗出物增加,引起呼吸机能障碍而出现各种病状,如食欲减退或绝食,没有精神,不愿活动,呼吸困难,不断抬头张口且常常张口喘气,肺部及呼吸道有炎症,渗出物增加,鼻孔中常流出黏性鼻水,鼻孔周围沾有草和泥等杂物。此外,病蛇因营养不良而见外表皮肤粗糙干燥,缺乏光泽,腹鳞向外侧张开。病蛇多逗留窝外不思归洞,捉进去后复又爬出。如此经2～3天后,病蛇呼吸极度困难最后窒息而亡。

剖检死蛇,可见呼吸道红肿,黏膜有出血点,气管中充满脱落的黏膜和黏液并堵塞气管,肺部充血、萎缩或局部坏死,大肠内积存黑而干硬的粪便。

【治疗】

一旦发现病蛇应立即隔离治疗,并加强护理,其间要注意避寒保暖,让病蛇盘卧在稻草、棉絮或纸箱板上,同时要注意补充营养,增加蛇的适口食物。此病如果治疗及时得当,病蛇可以在8～10日内痊愈。

(1)用蛙皮包以红霉素、四环素或土霉素1克,每天3次灌喂,一般3～4天可愈。

(2)用青霉素钠盐40万单位肌肉注射,每天3～4次,在病蛇背部肌肉丰满处多次点注,疗效比较显著。

(3)注射用青霉素钠10万单位,链霉素10万单位,注射用水2～3毫升。1次分别肌肉注射,每天3次,连用3天。

(4)注射头唑啉钠(0.5克/瓶):首次取一瓶用注射用水稀释后打患蛇8千克,以后减为每瓶打蛇16千克,每天早晚各1次,直至完全恢复。若患蛇口内有黏痰块或呼吸伴有严重的杂音,可另行注射硫酸阿托品,该药对扩张气管、滋润平滑肌、迫使黏痰顺利排出有独特疗效。用药剂量掌握在0.02～0.04毫克/千克,肌肉注射,每日1次,重者2次,连注7～10天为宜。

【预防】

蛇类肺炎病的防治着重于预防。

(1)注意保持蛇窝、蛇运动场、蛇房等场所的干净整洁,空气清新。

(2)注意越冬场所或蛇窝的干燥和稳定而适宜的温度,避免出现高热高湿。若是在蛇房内养蛇,当室温过高而通风降温时,要避免冷风直接吹向蛇体。

（3）发现病蛇后，把蛇窝内的蛇提出后，用 1∶1000 的高锰酸钾溶液或漂白粉溶液冲洗蛇窝，等蛇窝晾干后，再将蛇放回。

（4）若天气突变，应及时采取相应的补救措施，如寒潮将至，要做好挡风和保暖工作。

（5）防治此病的对象多是产卵（仔）后体弱的雌蛇，在其产卵（仔）期间供应充足的食物和洁净的饮用水，保持适合的温度、湿度，并搞好蛇窝的通风透气，杜绝此病的发生及蔓延。

3. 肠炎

肠炎又称黏液性下痢，是幼蛇常见的急性肠道传染病。本病传染快，有时幼蛇的死亡率高达 50%，成为幼蛇生长中的一大病害，必须认真对待。

【病因】

肠炎多由蛇园环境不卫生或吃了腐败变质的食物所引起。

【症状】

蛇患肠炎后，往往表现为进食困难或少进食，甚至不再进食。神态呆滞，外观消瘦，不爱活动，排便稀，色为绿黄，身体消瘦的可见干瘪的皱褶，尾部消瘦更为明显。发病严重时，可致蛇死亡。

【治疗】

（1）可首选庆大霉素予以肌注，按 10 万单位/千克的剂量，每日 2 次，一般 3～5 天可愈。由大肠杆菌导致的蛇肠炎，一经治愈后轻易不再复发。

（2）取病蛇的平行针注部位，按 8 万单位/千克的剂量给予肌注，每日 1 次，连用 3 天。

（3）按 3 万～4 万单位/千克的剂量给予肌注，每日 1 次，连用 3 天。

此外，丁胺卡那霉素、环丙沙星、黏杆菌素、氯霉素等药物均对蛇肠炎有很好的抑制作用。还可将上述药物中的片剂加入蛇的饮用水中让病蛇吸饮，以此增加肠道有益菌的培养数量，促使其尽快康复。

【预防】

必须保持蛇场、蛇窝的干燥通风、清洁卫生。另外，蛇在入场前行"药浴"，也是预防肠炎发生必不可少的有效措施。

4. 肝炎

肝炎习惯上又称为急性胆囊炎，此病由一种细菌引起，蛇一旦得此病，可见其不吃不喝，体温很高，最明显的特征是全身皮肤发黄，如得不到及时治疗，死亡率很高，常在发病后的2～3天内毙命，多发生于夏秋暑热的南方诸省（区）。

【病因】

肝炎是由病菌感染后发生的传染病。据报道，这是属革兰阴性杆菌类的大肠杆菌。此外，也不排除有病毒感染的可能。这些病菌、病毒多随投喂的鲜活动物、混合饵料或饮水入侵蛇体后暴发肝炎。肝炎的暴发还因为蛇的肝脏抗病能力降低、肝功能受阻之故。如长期服用呋喃唑酮（痢特灵）等刺激肝脏的药物，直接破坏肝脏的正常生理功能，导致抗病力下降，抵挡不住病原体的侵袭而发生本病。另外，人工活取胆汁不小心刺伤胆囊，或因消毒不严格，直接带病原体带入胆囊或肝脏，也是引起肝病的另一个主要原因。

【症状】

肝炎可分为急性型肝炎和慢性型肝炎。急性型肝炎发病急，全身症状明显，体温升高，不吃不动，皮肤发黄，病蛇常因肝胆剧痛而在地面上翻滚，不久即死亡。患慢性型肝炎的病蛇，病程较长，病状也不那么明显，常见食欲减退以至停食，身体消瘦，最后因虚弱而死亡。解剖死蛇，可见肝脏肿大，呈脂肪性变黄、变脆，亦有部分坏死，胆囊明显扩大，胆汁变成淡黄色或深绿色，多数变成清汤样或米粒样。

【治疗】

(1)肌肉注射氯霉素，每千克体重0.01克，每天2次，连续

3天。

(2)对于病情重、体形大的病蛇,应尽快注射兽用庆大霉素(20万单位或人用8万单位的均可),每次1支,每日2次,连注3天病情可望缓解,但必须再固定治疗几天,针注剂量可减至一半。

(3)肌注青霉素20万单位/千克体重,链霉素0.2克/次,每日注射2~3次,连用3~5天可治愈。

【预防】

一旦发现有此类病蛇时,除迅速将病蛇隔离治疗外,蛇场、蛇窝应作一次彻底的消毒。消毒剂可选用百毒杀或抗毒威,这两种消毒剂最好交替使用。消毒剂稀释比例为:百毒杀1:400,抗毒威1:800。

5. 霉斑病

霉斑病是发生在蛇皮肤上的一种霉菌传染病,多发于梅雨季节,是蛇常患的季节性皮肤病。毒蛇中平常不爱活动的蝮蛇、尖吻腹、金环蛇等更易患本病,其来势凶猛,会导致大批幼蛇死亡。

【病因】

霉斑病的发生因蛇窝内过于潮湿和不清洁,有适宜霉菌繁殖生长的环境条件而造成。此病多发于我国南方的梅雨季节,或因蛇场的地势低洼、排水不畅,蛇房、蛇窝、养蛇箱的壁面潮湿而发病。该病严重威胁着蛇的生长发育,严重时将造成蛇的大量死亡。

【症状】

在病蛇的腹部鳞片,可见点状或片状的黑色霉斑,有的还向蛇的背部及全身延伸,霉斑进一步发展可溃烂致死,严重者可导致死亡。

【治疗】

(1)发现病蛇后,应及时拿出刺激性较小的新洁尔灭溶液予以冲洗、消毒(切忌用高锰酸钾溶液冲洗,因刺激性太大),之后用制霉菌素软膏涂抹。同时,给病蛇灌喂制霉菌素片(25万单位/片)

0.5~1片,每日2次,连服3~4天。

(2)发现病蛇霉斑连成片时,可用1‰~2‰的碘酊涂患处,每日涂药1~2次,同时口服霉唑片,每日3次,每日2片(1克)。若用克霉唑软膏配合涂抹,效果更佳。

(3)发现病蛇身上有霉斑时,可用1‰~2‰的碘酊涂患处,每天涂药1~2次。只要抓紧治疗,一般一周内可以治愈。同时口服霉唑片,每天3次,每次2片(1克),疗效更佳。

(4)用1‰~2‰的碘酒涂于患处,每天2~3次,约1周左右便可痊愈。

(5)在使用上述药物的同时,必须想方设法降低场内或窝内的湿度,改善蛇类的栖息环境,力求做到干燥、通风,一般病蛇治疗1周后大都痊愈。治愈后的蛇在放回蛇场前,需重新进行药浴消毒。

【预防】

霉斑病的预防是极为重要的。

(1)查找蛇房、蛇窝、蛇箱等内部产生潮湿的原因,并予以改进。

(2)经常及时清扫蛇房、蛇窝、蛇箱,经常通风换气。

(3)减少蛇类栖息环境中的高潮湿状况,可在蛇房、蛇窝、蛇箱内放入一些木炭或生石灰吸潮。当木炭或生石灰变得潮湿时,应重新换上干的木炭或生石灰。生石灰要包在纸或纱布中,以便于更换。

(4)认真搞好蛇场卫生。

6. 毒腺囊炎或萎缩症

人工饲养毒蛇,多以采毒为主要目的,若频繁无节制地采毒,其生产毒液的毒腺就不能充分蓄积和分泌了,久而久之其毒腺就会逐渐萎缩,失去应有的泌毒作用。据有关实验报道,蝮蛇和五步蛇饲养2年后便无毒液分泌了;眼镜蛇养殖3年后也无毒液;金环蛇和银环蛇饲养5年后则变成了无毒蛇。毒蛇不久便因消化不良而死亡。该病症状为病蛇毒腺肿胀,毒液的分泌量明显减少或停止分泌,严重的可能流出带有脓血的分泌物,导致机体功能逐渐下降,影响正常的捕食。即使吞食后也不能很好地消化吸收,最终因营养衰竭而死。

【病因】

该病主要发生于人工饲养状况下被采毒的各种毒蛇。由于在人工采毒时,对毒腺囊挤压过重造成损伤,加之毒液本身的作用,易引发毒腺囊发炎,多由采毒次数过频、采集量过大而引起。

【症状】

病蛇毒腺肿胀,正常的毒液分泌量明显减少或停滞分泌,严重的可能流出带有脓血的毒液,即便是能渡过危险期,其毒腺也会慢慢萎缩,从而导致机体功能下降,使毒蛇失去分泌毒液的功能而不能捕食;即便吞食后也因不能很好地消化吸收,最终导致绝食而亡。

【预防】

人工采毒前,所用的工具都应煮沸消毒,采毒部位要用碘酒彻底消毒,采毒人员的手也得用75%酒精消毒。人工取毒时应该操作轻柔,用蛇钳夹其头部不可过紧,取毒次数不能过于频繁,使蛇有个恢复的过程。对于已发现有毒腺囊炎的蛇类,绝对不能再挤压取毒加重其病情,可取出单独喂养,在条件好的情况下有慢慢恢复的可能性。经喂养、观察一段时间后,发现没有恢复的希望,干脆杀死利用。

7. 厌食及消化不良

规模较大的养蛇场,由于各方面的原因,难免会出现一部分身体消瘦、皮肤松弛、神色呆滞、行动迟缓的蛇。

【病因】

本病多因饲养管理不当而造成,常见病因如下:

(1)给予不健康、被农药等毒源污染的动物及腐败、发霉、变质的食饵或不清洁的饮水。

(2) 气候突变，蛇体受凉，窝舍不理想的情况下易发此病。

(3) 长期灌喂刺激性较强的药物，或长期灌服土霉素等。

(4) 牙床、口腔有炎症或其他疾病均可导致本病。

(5) 不定时投喂食饵，使蛇时饥时饱，导致胃的消化机能紊乱，也是发生本病的一个重要原因。

【症状】

这类蛇往往很少进食，甚至不再进食，皮肤松弛，神色呆滞，行动迟缓，不爱活动，身体消瘦，其尾部瘦得更为明显，皮肤可见皱瘪。病蛇死后解剖时，往往可发现有寄生虫存在。

【治疗】

治疗的基本原则是祛除病因，调整胃肠机能。病初应减饵或停喂，只给温开水饮用，毒蛇必须停止采毒。具体的治疗方法如下：

(1) 此类蛇需单独喂养，每日灌服 5～10 毫克复合维生素 B 溶液或葡萄糖溶液等，同时结合灌喂一些生鸡蛋，或填食新鲜的泥鳅等食物。填喂泥鳅时，为使饲喂人员操作方便，可将活泥鳅置于开水中烫一下，泥鳅遇热便死去挺直了。

(2) 强行灌喂也要投其所好。否则，因入腹食物不合蛇的胃口也会马上呕吐出来，如此反复 2～3 次，病蛇因耐受不住折腾而导致死亡，由此引发的死亡率高达病蛇群体的 20%～30%。因此，对于少吃蛋类的乌梢蛇来说，如果强行灌喂蛋类就没有泥鳅的效果好。必要时，可补充维生素 B_{12} 注射液，有利于增强病蛇的体质。

(3) 取 5% 的硫酸镁对病蛇进行灌喂，每千克体重灌服 1～2 毫升，或灌服大蒜汁 3 毫升。每日灌服 2 次，连服 3～5 天，有调节胃肠机能的效果。

【预防】

投喂的食物应新鲜，要注意投喂食物的多样化；母蛇产后要及时投喂食物；蛇的运动场所要宽敞；同时还要注意驱除寄生虫。

蛇类还可能存在的病症有肠炎、霉斑病、节舌虫病、棒虫病、蛔虫病等,在养殖过程中,要注意观察,查找有关资料,对症下药。

8. 体内寄生虫

蛇体内有多种寄生虫,病情轻者虽不一定致命,但会削弱其体质而容易染上其他疾病,严重的则直接导致死亡。

【病因】

蛇感染寄生虫的途径主要有两条:一是吃了寄生虫粪便污染的饮水、食饵而受感染;二是从吃进的动物身上传染的,当蛇吞吃下有寄生虫的动物后,寄生虫便会在蛇身体内寄生繁殖,直接影响了蛇的身体健康。

【症状】

蛇类寄生虫有鞭节舌虫、圆线虫、棒线虫、绦虫、蛔虫等。蛇体内有寄生虫的,大多食量很大而且进食正常,但蛇体却不见增重,反而日渐消瘦,并懒得活动。死后解剖时,往往发现有许多条活的寄生虫。通常在没有确定寄生虫种类时,可采用灌服敌百虫或左旋咪唑片等;而一经确诊为某种寄生虫时,就应该根据其种类对症下药。

(1)鞭节舌虫:此种寄生虫又叫乳头虫,在五步蛇体内有较多发现。此寄生虫的长度因性别而异,雌虫长约5厘米,雄虫长约2厘米,状似一条老蚕,多寄生于蛇的肺部和气管上,有的虫还会经过喉头爬到口腔,堵塞蛇的内鼻孔。病蛇身体消瘦异常,且皮肤多有皱褶,常伸直身体逗留窝外,或是张口呼吸。正因此虫多寄生于蛇的呼吸系统,最终导致病蛇因窒息而死亡。

(2)线虫:寄生于蛇体内的线虫已发现的有多种,如律线虫、蛇假类圆线虫、唤蛇泡翼线虫、小头蛇似丽尾线虫等,均属线形动物门线虫纲。体呈长圆柱形,细长似线,雌雄异体。长短随种而异,如律线虫长仅5～8毫米,蛇假类圆线虫体长约3厘米。被寄生蛇种及部位也不一样,棒线虫寄生于五步蛇等的肺泡腔内,多时密布患部,使蛇肺部糜烂致死。蛇假类圆线虫寄生于五步蛇等体内的浆膜组织内,肝脏中尤为多见,寄生处形成结节,大似黄豆或更大,每结节内有一条至数条。当结节多后,引起病变严重时可使寄主死亡。唤蛇泡翼线虫、小头蛇似丽尾线虫分别寄生于五步蛇、小头蛇的肠上,前者长约 3 厘米,后者不足 6 毫米,均雌大雄小。

(3)蛔虫:属线形动物门线虫纲蛔虫科。在体形较大的蛇,如蟒蛇、滑鼠蛇等体内均有发现。寄生于消化道肠胃内,多时如倒长的草根充塞于寄生部位,可达 100 条左右。被寄生的蛇类食欲不振,体质渐衰,死前老是点着头,有时还会喷吐出黏液。

(4)绦虫:此虫全身呈带状,由许多节片组成,头上有槽、吸盘和钩,寄吸于蛇的肠壁上。

(5)蛔虫:在蟒蛇、百花锦蛇、灰鼠蛇、滑鼠蛇等个体较大的无毒蛇消化道中多有发现。体内寄生有蛔虫的蛇类,大多食欲不振,体质渐衰,死前表现为经常点头,甚至猛烈地用头撞墙或碰地,样子非常痛苦难忍,有时口中还会喷吐出黏稠的液体。

【治疗】

为蛇驱虫用药时,应遵循高效低毒、广谱价廉的原则,即少量使用一种抗寄生虫的药物就可以驱除多种寄生虫。另外,若对大批蛇进行驱虫治疗或预防时,应先给少数蛇予以试验,待密切观察、确保此药安全有效后再全面使用。此外,无论是大批给药还是预试驱虫,都应事先了解驱虫药的特性,慎防出现中毒现象,同时要备好相应的解毒药品,严防出现不测。

(1)鞭节舌虫治疗:可按病蛇体重每千克灌服精制敌百虫 1 克(药液最好现配现用,以防失去药效),连续灌喂 3 天,即可见效。也可灌喂灭虫宁,每次 1~2 克,每天灌服 1 次。

(2)线虫治疗:可用左旋咪唑灌喂,每次 2 片,连服 2 天。或按病蛇体重,每千克灌喂四咪唑 1~2 毫克。

(3)绦虫治疗:此类寄生虫对蛇的健康危害不是太大,在治其他寄生虫时,就附带驱除了。若严重时,可用硫双二氯粉,每千克体重2克,或氯硝柳胺每千克体重0.05克治疗。

(4)蛔虫治疗:按病蛇体重的1‰计量,灌喂精制敌百虫或驱蛔灵,一般每次半片,连服3天,即见效。

【预防】

(1)清理、处理好蛇粪是关键。蛇粪应每天或隔天清扫一次,不能长久不清。清理的蛇粪要集中堆沤,以杀灭粪中的虫卵或幼虫。

(2)搞好蛇运动场、蛇房、蛇窝的环境卫生,特别要注意饮水和食饵的清洁。

(3)定期消毒和更换蛇窝内的垫物与垫土,防止寄生虫在此繁殖。

(4)不能让蛇接触到不洁净的食物和水源。蛇场最好在每年的初夏和初秋进行两次集中驱虫,也可在夏天不定期地往水沟或水池中投放四环素,供蛇饮用和洗澡;幼蛇出壳后,应每隔7~10天在水盆中放1次四环素供其饮用,对寄生虫的减少有明显效果。

9. 体外寄生虫

蛇类的体外寄生虫主要是螨类。

【病因】

蛇螨寄生在蛇皮上,以吸食蛇血为主,严重影响蛇的健康。

【症状】

蛇螨的种类很多,不同蛇种所寄生的蛇螨也各有异。多寄生在体型较大的蛇鳞层下,也有部分裸露出鳞外,严重时每条蛇身上的寄生虫多达十几处。人工养殖条件下的眼镜蛇、蟒蛇、灰鼠蛇、滑鼠蛇等的体表多见。病蛇大多消瘦无神,但食量正常,却不见增膘。

【治疗】

(1)将病蛇直接浸泡于1%的敌百虫溶液中,浸泡时间为10~15分钟,注意别让蛇头部接触药液,以免蛇吸吮后出现中毒现象。

一经药液的浸泡,此虫即会死亡脱落。

(2)阿维菌素每千克体重 0.1 毫克,丙硫苯咪唑每千克体重 10 毫克或左旋咪唑每千克体重 20 毫克,对蛇体进行浸泡,从而达到体外驱虫的目的。

【预防】

除注意食物和水源洁净外,蛇场最好在每年的初夏和初秋进行两次集中驱虫,也可在夏天不定期地在水沟或水池中投放四环素,供蛇饮用和洗澡。幼蛇出壳后,每 10 天在水盆中放一次四环素供其饮用,对寄生虫的减少有明显效果。

10. 外伤

外伤多发生在蛇的活动季节或气候特别潮湿的季节。

【病因】

由于养殖条件的限制,人们在捕捉或运输蛇时难免出现小的外伤,多数蛇能自行愈合,但也有个别蛇因自身免疫力降低而出现脓肿现象。如果创面受到细菌感染而得不到及时治疗,则使其无法蜕皮,脓肿扩大到一定程度会有溃烂、发炎的现象,重者亦会引发蛇的死亡。此外,给蛇进行肌肉注射时,针头和注射部位没有消好毒,有时直接带入化脓杆菌也会导致本病。

【症状】

病初外伤部鳞片脱落,皮肤红肿,由于疼痛蛇不愿爬行,进而伤口处化脓、溃烂,流出脓水并伴有恶臭。此时,病蛇卧地不动,既不饮水也不捕食。如不及时治疗,常会发生脓肿败血症而中毒死亡。

【治疗】

外伤的治疗很简单,治疗时先用消毒液冲洗一下伤口,然后用甲紫药水涂抹患处,或用 1%~2% 的碘酊涂抹,每日 2~3 次,直至痊愈。若发现伤处已经化脓,清创消毒后可将研碎成末的土霉素或麦迪霉素撒于患处,并用手压一下,让药粉沾在伤口上,以免蛇爬行时蹭落。如果有的伤口溃烂较深,最好单独取出来,给予清洗伤口后再用创可贴包扎一下最好。

【预防】

外伤经常规治疗处理后,一般能在 2~5 天完全恢复。为杜绝人为引发蛇外伤事故的发生,蛇场内的废旧铁丝、钢丝、碎玻璃或其他尖锐物一定要清理出场。工作人员进入蛇场时,务必要注意脚下爬行的蛇,避免人为踏伤。秋季正是场内割除杂草的季节,对一些粗壮的野生植物,最好连根拔出。只要排除上述不利于蛇的安全因素,蛇外伤还是极少出现的。

另外,在人工养蛇的状况下,捕蛇或运蛇时不能使用利器。捉蛇的动作要轻柔,避免发生外伤。此外,饲养时要按蛇的种类和大小分群,每群密度不宜过大,以防发生咬斗而咬伤皮肤,这也是预防外伤的重要措施。

第 7 章 蛇产品加工及贮存

蛇肉中含有丰富的蛋白质、脂肪、糖、钙、磷、铁及维生素 A、维生素 B 等,它所含的蛋白质几乎与精牛肉相等,有的还高于牛肉。最近研究发现,蛇肉中还有一种能增加脑细胞活力的谷氨酸营养素以及能帮助消除疲劳的天门冬氨酸。蛇肉中的硫胺素、核黄素、铜、铁、锰、硒、钴、牛黄酸,对促进婴幼儿的脑组织发育和智力发展有重要作用。蛇肉不仅味道鲜美、营养丰富,还可祛风活血,用于治疗风湿病或类风湿病,还可滋养皮肤,美容养颜,促进人体的新陈代谢。夏季常食蛇肉,对治疗和预防痱毒、皮肤病也有一定的效果,但患有高血压、心脏病、肝肾疾病、内热太大或大便秘结者,不宜吃食蛇肉、蛇汤、蛇酒。

蛇皮经过加工可制成多种乐器,也是制革业常用的上等皮革,同时又可制成皮带、皮包、皮鞋、手带、工业标本等各种日用品和工艺品。

蛇干具有较强的生理活性,临床若应用得当,疗效十分显著。在止痛、抗炎、抗癌等方面具有独特功效,是其他药物所不能比拟的。它还可以治疗中风、惊风、骨髓炎、慢性气管炎、肝炎、顽固性神经痛、结核病、皮肤病、风湿和类风湿等症。

纯蛇粉对治疗麻痹病、红斑狼疮及肾炎、胃炎等病有一定疗效。此外,还有消斑祛痘、美容乌发的效果。长期服用,还可增强体质、排毒养颜、延年益寿。

蛇毒止痛具有比吗啡更强大、更持久的效果。越来越多的蛇毒被临床使用,用于减轻绝重症病人的痛苦。

此外,蛇血、蛇鞭、蛇蜕、蛇骨、蛇粪、蛇头、蛇内脏等还有诸多用途。

第 1 节 蛇毒的采集与加工

蛇毒是毒蛇从毒腺中分泌出来的一种毒液,正常贮存于毒腺的腺腔中。当毒蛇咬人或物时,经导管由毒牙注入被咬物的体内,使其出现中毒现象。蛇毒是毒蛇的防卫武器。另外,蛇毒还帮助毒蛇用来消化食物。

随着科学的飞速发展,国内外对蛇毒的研究工作迅速兴起,蛇毒的应用越来越广泛,蛇毒的科研价值、药用价值及经济价值,逐步被人们所认识。由于毒蛇排出蛇毒的形式是毒液,而作为科学研究或综合利用的却很少直接使用毒液,多用毒液的干品。为了确保蛇毒的有效利用价值,其质量的优劣至关重要。因此,正确掌握好毒液的采取、干燥、贮存等各个环节,尤其是蛇毒干燥这一关键性环节非常重要。如果未能妥善处理,会导致蛇毒质量的降低,或使蛇毒完全报废,造成经济损失。

总之,须对蛇毒有比较全面的了解,不仅要从质的方面了解它的毒性成分和毒理作用,而且还要了解各种蛇类的排毒量及毒性强度。

一、蛇毒的性质

蛇毒是毒蛇分泌出来的一种含有多种酶类的毒性蛋白质、多肽类物质,也是毒蛇咬人后引起中毒反应的物质。新鲜的蛇毒为略带腥味的蛋清样黏稠液体,呈黄色、淡黄色、绿色,甚至无色。新鲜时呈中性或弱酸性反应,放置稍久可变成碱性,含水量

50%～75%，比重1.030～1.080。新鲜毒液接触空气易产生泡沫，室温下放置24小时易腐败变质，丧失毒性。冰箱中可以保持15～30天，在－40℃保存时间较久，经过真空干燥或冷冻干燥处理后的蛇毒可于室温下保存20～30年，但毒性强度和一些酶的活性会有不同程度的降低，遇水仍能溶解。真空干燥后的蛇毒跟毒液色泽相同，呈鳞片状、块状或似结晶的颗粒状，有较强的吸水性。若封存于有色瓶中能保持50年毒性不变，遇水仍能溶解。蛇毒经紫外线、酒精及加热后毒性消失；但也有例外，如眼镜蛇毒，虽经100℃加热15分钟，仍能保持部分毒性，久煮才能彻底破坏。凡能使蛋白质沉淀变性的强酸、强碱及重金属、盐类，均能破坏蛇毒。许多生物学家认为，人和动物的肠胃消化液能破坏蛇毒，肝脏有解蛇毒的作用。当口腔及消化道没有病灶或溃烂时，口服少量蛇毒是有益无害的。

专家普遍认为，蛇毒具有抗原性，适量反复作用于人和动物体内，能产生保护作用的抗毒素。这种抗毒素在人体内至少能维持4个月，但不能终身免疫。因此，被毒蛇咬伤过数次的人，即使再被同种毒蛇咬伤，仍可能引起中毒现象。蛇毒还易受氧化剂、还原剂、蛋白水解酶类等的分解、破坏，从而失去其毒力。经甲醛处理后也会丧失毒性，但其抗原仍能保留。

二、蛇毒的毒性强度

蛇毒是动物毒素中最剧烈的毒素之一。通过动物实验比较蛇毒的毒性强度证明：1克蛇毒注射到动物体内，可使1千只兔子、1万只豚鼠或30万只鸽子死亡；0.1～0.2克蛇毒可使一匹马中毒死亡。1克银环蛇毒能毒杀40万余只小白鼠；1克眼镜蛇毒能毒杀25万余只小白鼠；1克竹叶青蛇毒也能毒杀7千余只小白鼠。但有些毒蛇的毒性强度很弱，被咬伤者不一定致死。

蛇毒的毒性强度与蛇伤的中毒程度有一定的关系。毒性愈强的毒蛇,引起的中毒程度就愈重;毒性较弱的毒蛇,引起的中毒程度也较轻。

三、蛇毒的成分

蛇毒的特点是成分复杂,不同的蛇种、亚种,甚至同一种蛇不同季节所分泌的毒液,其毒性成分仍存在一定的差异。将蛇毒分离提纯,目前已知有神经毒素、心脏毒素、凝血毒素、出血毒素及酶类等主要成分。此外,还含有一些小分子肽、氨基酸、碳水化合物、脂类、核苷、生物胺类及金属离子;其中一些具有生物活性,或与生物活性有一定关系。蛇毒经纯化后,其毒性成分可比粗毒大 $5 \sim 20$ 倍,毒性成分亦各有不同。

四、蛇毒的药用价值

蛇毒有很高的药用价值。药理研究证明,蛇毒中含有促凝、纤容、抗癌、镇痛等方面的药理功能成分。能阻止和治疗中风、脑血栓的形成,还能治疗闭塞性脉管炎、冠心病、多发性大动脉炎、肢端动脉痉挛、视网膜动脉、静脉阻塞等病症;蛇毒对缓解晚期癌症病人的症状亦有一定的作用,尤其是镇痛作用,已引起世人瞩目。把蛇毒制成各种抗蛇毒血清,用于治疗各种毒蛇咬伤,有药到病除的显效,目前已得到广泛推广。

目前,我国医学界和生物学者的研究课题主要有三个方面:一是抗蛇毒血清的应用,二是蛇毒的化学成分及其毒理和药理作用,三是蛇毒的临床应用。从事这些研究工作的单位有中国医科大学、卫生部上海药物研究所、浙江医科大学、广西医学院、中山医学院、中国人民解放军 238 医院、沈阳药学院、中国科学院新疆分院、浙江中医研究所、中国科学院昆明动物研究所等。

五、可供采毒的蛇品种

凡是能够分泌蛇毒的毒蛇应该说都被列为被采毒的种类,国内现供采毒的毒蛇有几十种。根据文献资料统计,我国常见毒蛇以眼镜王蛇和五步蛇最多,但产毒量最多的却是蝮蛇。蝮蛇不仅在我国分布很广,且数量也多,现已成为蛇毒研究单位的首选毒源。采毒较多的还有眼镜蛇、蝰蛇、烙铁头、金环蛇、银环蛇、竹叶青及某些海蛇。其他毒蛇种被采毒的机会很少,有时只是为了科学研究而采取少量的蛇毒,如虎斑游蛇、赤链蛇等。

六、采毒季节

为了让所养毒蛇产更多的蛇毒,而又能维持毒蛇的正常生命,正确选择采毒季节,确定每次采毒的具体间隔时间以及采毒前后的饲养管理等,均十分重要。

毒蛇采毒季节的划分,各地区及不同蛇种间有一定的时间差异。一般在毒蛇出蛰第一次进食后的 7~10 天即可采第一次毒,入蛰前的 20~30 天可以采最后一次蛇毒,每次采毒的间隔时间不能少于 20 天,以 25~30 天为最佳。否则,采毒的间隔时间较短,会影响其正常进食,容易引起毒蛇消化不良或营养缺乏症,严重的会导致死亡。大多情况下,平均每条毒蛇每年可采取蛇毒 3~4 次,最多不能超过 5 次。采毒季节一般在 5~10 月份,我国北方或亚温带地区在 6~9 月份,因这一阶段毒蛇比较活跃,加之气温较高,为毒蛇的捕食旺季,蛇毒的分泌量也较多。大多数毒蛇在 20~30℃时产毒最多,但最佳的采毒温度在 20~25℃。进食后不足 20 天的毒蛇不能取毒。

采毒期间毒蛇的饲养管理,主要是注意蛇的健康状况。用作采毒的毒蛇,必须是身强体壮的健康蛇,不应有口腔炎或其他疾病,否则会直接影响蛇毒的质量或危及毒蛇的性命。对于怀孕的蛇或产卵(仔)后不久的蛇,均不应该采毒,一般较其他毒蛇少采毒一次,主要目的是为了防止其早产或影响健康。准备采毒的毒蛇,其饲养、管理尽量同步化,即每批采毒日期应大致相同,不然会造成有的毒蛇取毒的间隔时间过长或过短。在采毒前的10~15天应禁食,只供应日常的饮用水,必要时要提前抓取待取毒的蛇,放于池内或箱内暂时关养,但单位面积中的数量不宜过多,以免造成挤压死亡或影响排毒量。采完毒后应尽快放回原饲养场地,重新供给充足的饮用水,待过3~4天后,再投放新鲜充足的食物。刚采毒的毒蛇,若投食过早,会影响捕食及造成食后消化不良。

在冬季因气温太低,绝大多数毒蛇已经处于冬眠状态或完全进入冬眠期了,这一季节毒蛇的排毒量与平时相比较低,而且在这种情况下,如对毒蛇干扰、刺激过多,容易造成毒蛇死亡,故不宜取毒。另外,进食后不足24小时的毒蛇不能取毒。蝮蛇的采毒间隔时间至少要相隔1个月,才能保证正常的采毒量和其身体的健康。

七、采毒前的准备

为了确保所采毒蛇的毒腺中蓄积较多的毒液,最好在采毒前7~10天就用水冲洗蛇体,然后暂时存放在蛇池或蛇箱内,关养时只供水不投食。关养在一起的蛇,尽量是个体相近的,避免处于饥饿中的大蛇吃小蛇。不同种类的毒蛇不宜混关,以免采毒时忙中出乱,错将不同种的蛇毒混采混装。如果计划要在同一天内采集几种蛇毒的话,必须按种类分批进行。采完一种毒蛇的毒液后,要及时更换盛毒器皿及容器,再采另一种毒蛇的毒。

采完毒液后的毒蛇,需用蛇箱或蛇袋暂时存放,故须提前准备好这些容器,发现有破损或脏污的应事先处理好,以防措手不及。参加采毒工作必须两人以上,并有熟练的抓蛇技术。在采毒前不要饮酒,必须根据所采毒的蛇种适当着装防护,杜绝赤足裸背,脚蹬拖鞋或凉鞋,防止毒蛇挣扎时咬伤人。采毒地点应选在宽敞明亮、通风良好、避免阳光直射或风吹雨淋的地方。与采毒工作无关的闲杂人员禁止入内观看,以免出现意外事故。如在野外就地采毒,应选择避风的阴凉处,周围应无障碍物,并具有一定的活动范围。

用来采集蛇毒的各种设备工具,特别是盛装毒液的器皿、器械,以及在采毒过程中,必须使用的尼龙薄膜、剪刀、橡皮筋、线及抓取毒蛇用的蛇钳,还有装接蛇毒用的不同规格的各种容器,均应在采毒前做好消毒(但不能用酒精消毒)、干燥等工作,务必保证采集的毒液不受微生物、尘埃或其他物质的污染,才能确保蛇毒的质量。

盛接毒液的容具,应根据所采毒蛇的大小、种类而定。如果采的是尖吻蝮毒,因其毒牙长而大,排毒量也多,采毒用的器皿必须大而深一些。倘若浅了,毒牙触及器皿壁容易造成破损。如果采的是竹叶青和银环蛇的毒,因其毒牙小而浅短,器皿就宜小而浅。器皿的大小和形状,以易让毒牙纳入并使毒液排出为宜。具体的采毒工具有小瓷碟、小瓷匙、小玻皿、小口杯或用玻璃吹制的适合相应蛇口的特殊器皿。在实际采毒的操作过程中,可因地制宜地灵活选用。

采毒前应事先备好一个蛇伤急救箱。箱内应有碘酒、酒精棉球、纱布、止血带、止痛剂,还应有已消好毒的无菌注射器2~3只、蛇伤解毒片、相应的抗蛇毒血清、三棱针、刀片或小手术包1个,以备急用。采毒现场应有冰箱或冰桶,采到一定的量时应放入冰箱或冰桶内暂存,慎防天热变质。

八、采集方法

目前采毒的方法很多,下面介绍几种比较常用的方法。

1. 采毒方法

(1)咬皿法:采毒工具可用小玻璃杯或小瓷碟、小杯等。采毒时,将蛇自然地放置在工作台上,用一手提住蛇颈,另一手将玻璃杯或瓷碟送入蛇口,蛇咬住后即有毒液流出,到毒液停止流出时,取出玻璃杯或小瓷碟即可。这种采毒方法简便易行,对各种具有前毒牙的毒蛇均可适用,特别适合于较大蛇种。此法取毒的好处是对毒蛇的刺激小、无损伤,使其出于自身本能而张口咬物排毒,即使是脱落毒牙的毒蛇也可以采得到毒液。缺点是,此法有时会污染蛇毒,因除了毒液以外口腔中的污物也会随之混入;有的甚至会带入泥沙等杂质。为了克服这一缺点,通常在采毒工具上绷上一层网眼较密的尼龙薄膜,这样就把其他污物与毒液分开了。

(2)咬膜法:采毒工具系一小玻璃漏斗,漏斗口牢固地绑覆了透明而有一定弹性的尼龙薄膜,漏斗的末端用橡皮塞堵紧。采毒时用一手捏住蛇颈,另一手将漏斗边轻碰蛇口,趁蛇张口之际,待毒液停留后,可稍扭动漏斗促使其松口,并趁机推出漏斗薄膜。每个漏斗可连续使用至尼龙膜破损或管中不能继续储存毒液为止。本法采毒的优点是操作简单方便,成功率高,安全系数大,可有效避免毒蛇咬器皿时损坏口腔黏膜,从而减少口腔炎等疾病的发生,减少采毒时毒蛇口腔内的微生物、脱落的皮屑、黏液、牙龈损伤时流出的污血、泥沙及其他杂物对毒液的污染,能确保蛇毒干净无杂质。但也有其不足的一面,就是采毒用的玻璃膜皿要特制加工,成本较高,市场上不易买到。另一个不足之处就是已经脱落毒牙的毒蛇难以使用本法采毒。

(3)负压采毒法:此法在咬膜法的基础上改良而成,即漏斗口绑覆一层塑料薄膜,漏斗底通过橡皮塞与离心管线连接,漏斗侧管经橡皮管接于水泵上,采毒前打开水泵的龙头抽气,使漏斗内形成负压。采毒的操作方法同咬膜法,但此法对于产毒量少、毒液黏稠的毒蛇,如蝰蛇效果更好,但需经常更换薄膜才能保证负压作用,毒牙粗大的毒蛇不许用此法。

(4)电刺激采毒法:此法是用针麻仪等微弱电刺激的工具采毒。将负电极和正电极触在蛇口腔的内壁处,使毒蛇一受到电刺激,就会因电麻而立即排放毒液。对针麻仪的挑选,可选择较微弱而又能促使毒蛇排毒为宜;如刺激过大,则会影响蛇的身体健康。本法采毒的优点是工具易购,操作简便快捷。缺点是在采毒时,因需将采毒工具探入毒蛇的口腔深处,易损伤口腔和毒牙,引发口腔炎,对毒蛇的刺激也较大。

(5)研磨采毒法:此法主要用于后毒牙类的蛇种。一般将毒蛇麻醉或断头处死后,小心地摘取出其毒腺与生理盐水或注射用水混合研磨,经过离心沉淀,再进行提取蛇毒的各种程序。这种方法较复杂,故很少使用,只有在特殊情况下偶尔用之。因为海蛇比较黏滑,在提取海蛇毒时多用此法,或在有吃蛇习惯的地区进行,采毒后的蛇肉可用作食用。反之,易造成资源的浪费。此法亦适用于各种刚刚死去的毒蛇,亦称为"死采"法。

另外,采毒的方法还有减压采毒法,此法的工具、操作程序都比较复杂,仅限于毒液少且较黏稠的毒蛇,如蝰蛇、竹叶青等。

以上各种方法的采毒过程中,一旦发现毒蛇患有口腔炎或有脓血等污物,应立即停止采毒工作,否则会严重降低蛇毒质量。

2. 毒蛇的排毒量

不同种类的毒蛇所排毒液量的多少不同,即便是同种毒蛇,因其分布的地区不同,排毒量也各异。排毒量的多少受很多因素的影响,它与蛇体的大小、产地、气温、生活环境、排毒季节、咬物频率和咬物状态等,均有直接或间接的关系。毒蛇所排的毒液,以其干毒来比较,眼镜王蛇平均排一次就达101.9毫克,海蛇仅为2.5~5毫克,银环蛇为4.6毫克。这就是说,眼镜王蛇的排毒量分别为海蛇、银环蛇的 20~41 和 22 倍。很明显,由于眼镜王蛇的排毒量巨大,要采取到其 1 克干毒,只需大约 10 条左右就够了。然而,海蛇、银环蛇在饥饿的状况下,采取 1 克干毒的话,选个体较大者也需要 80 条左右才能取得,个体小的就得 200~400 条了。由此可见,人工养殖毒蛇采毒,首先要选取个体较大者为宜。

3. 采毒的注意事项

采毒时严禁与此事无关的闲杂人员入内,以防出现意外。

用活蛇采毒,初学者宜用蛇种易得又较易采取到毒液的眼镜蛇先练习,等操作熟练后再采银环蛇或其他蛇种,若一开始就用银环蛇等排毒量小的毒蛇练习,往往不得要领。初学采毒者还应有一名采毒经验丰富者做现场指导,以防出现不测。

无论采用哪种方法活蛇采毒,采毒人员一定要严肃认真、一丝不苟,确保蛇毒的质量。在操作的同时,要时刻警惕被毒蛇咬伤。采毒时,用手抓蛇颈部的松紧程度要合适,如果过紧,有碍毒蛇的咬皿动作,并可能使毒蛇窒息,严重时造成死亡;如果抓得过松,则有被毒蛇咬伤或逃跑的危险。总之,采毒时要尽量减少对毒蛇的不良刺激,使毒蛇有舒服感和安全感,这样才能增加排毒量,减少麻烦和危险。

在集中关养未采毒蛇期间,每天必须进行数次安全检查,如发现蛇箱或蛇池有破损,应及时更换或修补,并随时清点毒蛇的数量,一旦发现毒蛇数量减少,哪怕只少了一条,也应迅速找出逃失原因,并立即寻找逃失的毒蛇,并采取必要的措施,以防万一。在关养期间,如有蛇类天敌危害,则需加强防护措施或人工驱赶。发现有死蛇或病蛇,应马上取出或及时隔离治疗,以免传染给其他健康蛇。

采毒时有个别毒蛇会咬住器皿不放,这时不要用手硬掰,否则容易折损毒牙而伤及口腔,可以刺激其泄殖肛孔,使其自动松口。如有毒蛇牙掉进蛇毒内要及时取出,取出时一定要使用相应的工具，切不可徒手拿取，以防皮肤有破损而导致中毒。另外，还要注意蛇体有黏性，特别是已取过很多条以后，手与蛇的颈部粘连较紧，要防止松手放蛇时，手不能与蛇体及时脱离而被毒蛇回转咬伤。因此，取毒蛇的采毒人员要间断性地洗手，洗手的次数与毒蛇的数量有关，可灵活掌握。值得一提的是，在采眼镜王蛇、五步蛇等具有喷毒习性的凶猛剧毒蛇时，除注意上述问题外，还应戴护目镜或防护面具，身着厚实的长衣长裤，足蹬高帮旅游鞋，手戴草质手套，长筒的最好。初学采毒者不应采这两种毒蛇的毒，以免出现意外，必须由采毒经验丰富的人员实施操作。

玻璃膜皿上绑盖的薄膜，切勿使用含硫的橡皮或易脱色的薄膜，以免因杂质脱落而污染蛇毒。每个盛毒器皿所盛的蛇毒不宜过多，在大量制备蛇干毒时，毒液的厚度不超过 0.3 厘米，否则会影响蛇毒的干燥速度。必须按照有关标准，在盛毒器外标明蛇毒的种类、采毒日期、质量状况及备注等，鲜蛇毒必须由专人负责看管。

九、蛇毒的干燥

新鲜蛇毒是一种略带腥味、透明或半透明的黏稠液体，通常在室温下放置 24 小时，就会发生腐败变质，尤其在盛夏变质更快，故蛇毒取出后应立即放入冰箱内暂存。新鲜蛇毒在冰箱内冷冻情况下可以保存 15～30 天，如果时间过长，则毒性会降低。为了获得较高质量的蛇毒，必须让液体蛇毒尽快变成固体，并且在干燥过程中不丧失其活性。目前所采用的方法有三种，即常温真空干燥法、冷冻真空干燥法及低温真空冰冻干燥法。经这样处理的为粗毒，而干燥好坏对蛇毒质量的影响极大。

1. 蛇毒的干燥方法

（1）常温真空干燥法：将冷冻的或刚采集的新鲜蛇毒或冷藏蛇毒移入真空干燥器内，同时在干燥器中放入干燥剂，如硅胶或氯化钙,并在其上铺上一层纱布,放妥密封后进行抽气。在抽气的过程中,如发现大量的气泡在蛇毒表面出现时应暂停抽气,以防气泡外溢;需稍停片刻后再继续抽气,如此反复多次,直至彻底抽干。然后,再静置24小时左右。通过真空干燥的蛇毒,成大小不等的结晶块或颗粒,即成干燥的粗蛇毒制品。

在操作时,操作人员应事先戴好口罩、手套、眼镜,以防毒尘飞扬造成呼吸道和眼睛中毒。在抽气过程中,要随时观察容器里的蛇毒液蒸发情况。随着水分的蒸发,毒液逐渐变成黏稠物,易产生泡沫,此时要及时调节抽气开关,防止气泡外溢。如发现气泡向容器外溢时,必须立即关闭活塞或停止抽气,待容器内的气泡逐渐消失以后,再继续抽气。如此反复几次,直至容器内的毒液开始凝结成固体状态,再继续抽至真空,然后关闭活塞停止抽气。在真空状态下,蛇毒需在原装置里继续静置14～24小时,力求使蛇毒中的水分完全蒸发,使蛇毒变成鳞状小块或大小不等的松脆的金黄色透明颗粒为止,即成为干燥的粗蛇毒制品。

(2)真空冰冻干燥法:将整个真空干燥器放置在一个较大的特制桶内,桶底及干燥器周围均堆满冰块。在制备干燥蛇毒的过程中,应先将蛇毒按上述方法进行真空抽气干燥,亦可将蛇毒先放置在冰箱内预冻数小时,待冻成块状后,再移入真空干燥器内进行干燥。

(3)低温真空冰冻干燥法:此法中冷却剂使用干冰(即固体二氧化碳)。其原理同冰冻真空原理干燥法类似,所不同的是不用干燥剂吸水而利用仪器和蛇毒的温差来干燥蛇毒。此法干燥蛇毒快速,产量高,操作方便,更能保证干蛇毒的质量。但技术和设备要求不是一般单位或毒蛇养殖场所能办到的,目前仍在少数条件较好的科研单位进行。

2. 干燥剂的选择与放置

常用的干燥剂有变色硅胶、无水氯化钙和五氧化二磷。从吸水性能来说,以五氧化二磷为最强,无水氯化钙次之,变色硅胶最差。但它们各有其优缺点,变色硅胶可以反复使用,抽气时也不会引起飞尘;五氧化二磷若放置不当,刚抽完气时易起飞尘而少量飘入毒液中;无水氯化钙是优缺点居于两者之间的一种常用干燥剂。

真空干燥器分上下两部分,中间有块多孔的圆形瓷板,瓷板上面放置要干燥的毒液,下部则放置干燥剂。

放置的干燥剂如果是无水氯化钙,应选颗粒状的,这样可减少飞尘,彼此间又有间隙而利于吸水;若是五氧化二磷,宜用具有较大面积的盛器将其铺成薄层,因五氧化二磷一旦吸水就由粉末状变为黏稠的液体,若铺得太厚,下层的粉状五氧化二磷就难发挥其吸水能力。若有必要,可多放几个容器,以增加表面积,只要这几个容器不彼此盖住就行。无论放置何种干燥剂,其用量必须一次性放足。

当干燥剂失效,应更换新的或经过处理,如变色硅胶颜色变红时,需放入烘箱内烘干,至颜色变蓝时才可再用。

为防止干燥剂的粉尘在抽气时飞扬,可以盖数层纱布或覆盖滤纸于干燥剂上。

3. 盛毒器的选择与放置

盛毒液的容器,以口大、底平、边高的茶色或棕色瓶为宜,容器必须事先予以清洁。盛装毒液后,上方宜绷以戳有细孔的称量纸。

毒液放于容器中时,铺成1~2毫米的薄层,这样容易干燥。放置时,不宜将圆形瓷板的孔盖住。

4. 干燥器的密封与开启

干燥器的盖子盖上后,在其口边和盖子的磨口上,均需涂抹凡士林。凡士林应涂得薄而均匀,才可获得良好的密封效果。开盖时,可在放入空气解除真空状态后,用左手扶住干燥器的底部,右手沿水平方向徐徐转动盖子,从而将盖子打开。

5. 干燥过程中的抽空要点

在常温真空干燥过程中，一旦发现毒液中开始产生小气泡，就应关闭小调节活塞的开关，甚至暂停抽气。因为，若气泡外溢呈沸腾状，不但蛇毒蛋白会失活变性，还会溅于器壁上。当毒液量很少时，只要真空干燥器的容积较大而且有足量的干燥剂，适当停止抽气，毒液在密封环境中也会自动干燥。

当毒液用肉眼看上去已干燥时（干品松脆，状似结晶的小块或细粒），千万别急于取出，应让其在原装置中放置过夜后再行取出，这样干燥效果比较好。

6. 干燥蛇毒注意事项

(1) 不应将采集的几种毒液放入同一真空干燥器中干燥，以防抽气过程中发生混杂，影响干品的质量。

(2) 采集的毒液中如掺有杂物，可加适量的注射用水稀释，经过离心处理后，再进行真空干燥，切忌直接进行。

(3) 在大量制备干毒时，蛇毒不宜装得太多，否则会影响干燥速度。毒液厚度不宜超过 0.3 厘米。

(4) 在常温下干燥鲜蛇毒时，应尽量缩短干燥时间，或者到一定数量时再重新干燥 4～6 小时后封装。

(5) 干燥时，干燥剂应充足。在每次添加干燥剂时，应把蛇毒拿开，避免污染蛇毒。

(6) 容器装入干燥剂后，在盖盖子前，应在其口边和盖口周围涂上一层薄薄的凡士林，以加强盖合后的密封效果。

(7) 从抽成真空的干燥器中取出干毒时，事先得放入空气才能打开盖子。放入空气时，开始务必把开关调到最小，只让微量空气进入即可；若一下子将开关开得很大，瞬时有大量空气进入，则气浪会冲击尚未取出的干毒，或使干燥剂的粉末飘入干毒中。为求保险，也可用一张滤纸挡住气孔，以掌握空气进入时的速度。

(8) 干燥后刮干毒时，宜将门窗关严，以防风吹进屋。刮毒时也应两人操作,以便相互配合照顾,最好带护目镜和口罩,慎防干毒粉飘入。

十、贮 存

  干蛇毒吸水性强、不耐热,在高温、潮湿或阳光的影响下,宜变质并失去酶的活性。所以,必须做好以下几点才能长期保存。

  (1)干燥好的蛇毒称重后,应尽快装入茶色或棕色瓶内,瓶口用软木塞塞紧,然后用蜡或真空油密封。对大瓶的干毒,为了尽量减少不必要的开启,可在密封前先取出一些干毒封装于样品瓶内,以便随时供查或满足零星的小客户,重量可酌情封装。

  (2)封装好的蛇毒可放置于室内阴凉处或冰箱中恒温保存,一般可保存10年以上。切忌置于阳光下或高温超过30℃的地方,如火炉或暖气片旁。

  (3)如保存干毒的数量、品种较多时,一定要在盛毒的器皿上标有蛇毒的名称、重量、采毒日期或检验批号等。为避免光线照射,外面最好使用金属有色纸或锡箔避光。

  (4)蛇毒是剧毒品,应有专人保管,严格交接手续,按国家剧毒品管理规定执行,不得随意拿取,以免混放而影响质量或发生意外。

  (5)为了长期保存,蛇毒最好每隔一段时间(1年左右)再次进行真空干燥一次,以免回潮影响蛇毒质量。

  (6)对大瓶装的蛇毒,应尽量减少开启次数。若需取用样品供检验或提供给客户等,应在密封前,先取出一些封装于小玻璃瓶中备用。

  据报道,有人将眼镜蛇毒干粉放入棕色瓶内,在室内阴凉处保存了30年以后,蛇毒的致死作用仍保持了原有致死作用的90%。

第 2 节 蛇蜕的采集与加工

蛇蜕为各种蛇脱下的干燥表皮膜,也就是蛇自然脱下的体表角质层,内含有骨胶原等成分,民间多称为长虫皮、蛇壳、青龙衣等。

蛇蜕入药在《神农本草经》中早就有记载。蛇蜕含有骨胶原等成分,具有清热解毒、祛风杀虫、明目消炎的功能。主治惊风抽搐、诸肿毒、咽喉肿痛、乳房肿痛、腰痛、痔漏、疥癣、脑囊虫、角膜炎等症。一般以散剂或煎剂使用,无风毒者及孕妇忌用。

1. 直接出售

采集后抖净泥沙存放于干燥处,注意防潮霉变,待有一定数量后再售。入药者以条长、无杂质、有光泽的为上品,破损者次之。

2. 药用加工

(1)煅蛇蜕:将蛇蜕刷净剪成小段,用黄酒将其均匀湿润,黄酒与蛇蜕的比例为 1:10,待蛇蜕完全拌匀后,取之放入锅内用文火炒至微干,色呈朱黄色时取出晒干,备用。

(2)蛇蜕酒:先用黄酒洗去蛇蜕上的泥沙,置于罐中,加盖后用泥封固,用火烧罐 1 小时,次日启封,将泡制的蛇蜕存贮于陶器中备用。

(3)蛇蜕制剂:蛇蜕放铁锅内加热烧至收缩结块、出油,待大量出油、全部结块融合转黑时起锅冷却,研成细末装瓶备用。

第3节　蛇的宰杀

1. 直接摔死

将蛇直接摔死,但不适宜对毒蛇的处死。因为若经验不足,第一次可能摔不死毒蛇。如果毒蛇没有被摔死,则有可能伤人。

2. 浸死

浸死是将活蛇投入盛有白酒的较大容器中,以酒将蛇浸死。

3. 斩杀

将活蛇直接从蛇池中捉出,用利刃斩下蛇头。斩下的蛇头,一定要小心妥善地放在安全的地方,千万不要随地丢弃,以防造成伤人事故。被砍下来的毒蛇头,其毒牙若无意中被人碰到而划伤皮肤,人还是会中毒的,与人被毒蛇咬伤相差无几,严重者甚至也有生命危险。

第4节　蛇肉及其副产品的加工利用

一、蛇　皮

蛇皮不同于蛇蜕,它是从健壮的蛇体上剥离下来的,外观清晰艳丽,图案独特,而且有一定的韧性,经漂白精染加工后,愈显得雅丽别致,除用于食品、医学和乐器上外,主要还是用以制作日用工艺品等,如皮鞋、钱袋、手袋、皮带、领带、烟盒、书签、工艺标本等。由于蛇皮主要作为制革的原料,从方便加工和保证制品工艺的角度看,皮张宽大、厚实、无破损的为上品,狭小的皮张一般不受欢迎。目前,颇受厂家欢迎的蛇皮当属王锦蛇、黑眉锦蛇、灰鼠蛇、棕黑锦蛇、眼镜王蛇、五步蛇和蟒蛇等大型蛇的皮。

(一)蛇皮的剥制

蛇皮是杀蛇时从蛇体表面剥离下来的,它合表皮和真皮为一体。

1. 筒状剥皮法

剥皮时,先将蛇头斩落,从腹面正中分开,待剥开一点边后,再用力扯住蛇皮,自前往后,均匀用力,缓缓地往蛇尾方面撕扯,即可将整张蛇皮剥下。对皮肤有损破者,切忌用力过猛将其扯断,影响出售价格。

2. 条片状剥皮法

蛇皮的剥法,前几年曾流行从蛇背剖开的方法,现在除水律蛇皮外,其余一律要求从蛇的腹面正中剖开。水律蛇皮沿用背中部剖开法的原因,在于某些制鞋企业用于制作蛇皮鞋,这样蛇皮具有完整而宽大的腹鳞,用来做鞋面正合适。

(二)干燥技术

蛇皮剥下后,应立即进行干燥定形。如不能马上处理的,可装袋扎紧后放于冰箱内贮存,以免腐败变质。蛇皮干燥定形处理的好坏,直接影响销售价格。因此,要学会和掌握干燥定形技术。

1. 筒状干燥法

筒状蛇皮干燥时,可在筒内装入干燥的细沙并均匀地拉伸拉直,将蛇皮撑匀后再晾干。由于此种剥法,蛇皮的内面朝外,比较容易干燥,晾干后将细沙倒掉,即可收藏或出售。

2. 条片状干燥法

剥下的蛇皮应立即展开铺平,钉于长条木板或结实的墙壁上固定。固定时最好两人操作,钉蛇皮时应两边同时进行,每隔约1厘米布一钉,尽量将蛇皮钉得均匀对称,然后放置在阴凉的通风处,使其自然干燥。切忌在阳光下直接暴晒,不然皮张猛缩会挣脱钉子,致使蛇皮破裂卷进,影响出售的价格。蛇皮卷起收贮对要内放樟脑丸,以防虫蛀和发霉变质。

(三)制革

(1)为使蛇皮充分吸收水分,可在浸泡蛇皮的清水中加入适量的润湿剂和防腐剂,浸泡时间一般为20～40小时。为让生蛇皮更彻底地脱脂除血、祛腥臭等,应加入蛇皮体积2倍以上的硝灰液或1/5体积的石灰水,能起到加速浸水的作用。然后用刮板、腻子刀或竹片刮去蛇鳞和内腹面的污物。应从头部开始刮除,用力要柔和均匀,以免刮断或刮破。之后再将蛇皮冲洗干净。

(2)用适量的铵盐或4%的硼酸配成脱灰液,将蛇皮浸泡4～5小时,取出后用水洗净并控干水分。再按甲酸5%、硫酸1%(将硫酸按1:10的比例对水稀释)分4次加入,每次的间隔时间在20～25分钟。

(3)蛇皮鞣制一般用植物鞣剂,如落叶松、柳树的浸膏。用加脂剂操作时,同时应加入适量鞣酸,并加入蛇皮体积8～9倍的热水(约55℃),再加入0.5%体积的甲酸,同时翻动蛇皮半小时。

(4)取2.5%羟甲基纤维素,用双丙酮醇和沸水制成混合物涂于蛇皮表面,之后贴在玻璃板上干燥,待到第二天揭下并打磨内面。上光染色即成蛇革。

注:文中所有药物,各地生化门市或制革厂门市有售。

(四)入药与贮存

新鲜蛇皮可直接使用,除对体质虚弱、白癜风、腮腺炎、牙痛、恶疮、骨疽等症有疗效外,还有清热解毒、排脓生肌的良效,对指头疔(又叫"蛇头疔")和不明肿粒有显效。干蛇皮用温水和冷开水浸泡后充分润透,剪成稍大于肿块、疮、疽痈患处的条状块,将蛇皮内侧贴于患处,贴皮中央戳 1~3 个小孔,以利于透气,可拔除毒水脓液。患处因发炎甚热,蛇皮易干,可用冷开水反复润湿。0.5~4 小时换一次,直至贴愈。重者可添加白颈蚯蚓 1~3 条捣烂湿敷或在肿处四周涂擦云香精。

需蛇皮留作药用时,可将新鲜蛇皮用刮刀或竹片刮去内侧附着的残肉,蛇皮干时难刮,可以充分润透后再刮。春夏两季宜将蛇皮晒至大半干后阴干,秋冬两季可阴干收藏备用。

二、蛇　肉

蛇全身都是宝,集食用、药用、保健于一身,蛇肉主要由肌肉、骨骼组成,它的应用可分为食用和药用两种。

蛇肉具有嫩鲜味美、滋补健身的功效。蛇肉、蛇皮的食用烹调方法很多,如清炖、红烧、炸、煮、炒、焖、烩等,均以蛇肉为主料,或配以山珍野味;或配以走兽家禽;或配以时令蔬菜,一般可根据各自的风俗习惯和烹调技术来操作。

(一)剥蛇肉

剥下蛇皮后,用一只手牵握着蛇的尾部,另一只手用利刃自蛇的肛门处插入,向上剖开蛇的腹部。用手除去蛇的内脏。然后用利刃在蛇的肛门位置、紧靠脊柱两侧,分别将左右肋骨连肉纵向割开 3~5 厘米。双手分别握住分割开的连肉左右肋骨向蛇头方向撕开,便可以得到两条连有肋骨的蛇肉。最后,用利刃细心剔除肋骨与内层薄肉,便可以得到净蛇肉。

若是已去除头与内脏的蛇体,可以将蛇体放在菜板上,用利刃沿脊柱将蛇肉与肋骨先剔下、再剔除肋骨。

(二)蛇肉的冷冻

供出口的冻蛇肉,其规格是斩头、剥皮、除内脏,按品种每纸盒装 15 千克。如果不是将蛇肉冷冻的话,若就近有冷藏条件,应及时予以冷藏,以备外运和销售。

　　肉冷冻前要通过预冻、速冻,再进行冷藏。预冻在冷却间进行,若无预冻间,可用排气风扇降温。预冷间的温度在 0℃,经过 2～4 小时装入纸箱包装,然后运入速冻间。在 －25℃ 以下速冻 48 小时,使纸箱内的蛇肉达到 －5℃ 以下。冷藏温度忌忽高忽低。否则,会导致肉质干枯和泛黄,影响蛇肉的质量。

(三)祛除腥臭味

　　蛇菜肴口味的好坏,关键是祛除蛇的腥臭味。因此,蛇肉或蛇段在下锅前,应放入开水焯一下,使之在沸水中翻几滚后捞出,有祛腥臭的作用;还可以烹调时加入少许甘蔗、辣椒、白糖、啤酒、料酒、葱白、陈皮、胡椒粉、八角等调料,均可起到祛腥臭的作用。此外,按 500 克蛇段加 25 克纯粮白酒或米酒,在锅内翻炒到酒水熬干后再行烹饪,则腥臭味全无。

(四)蛇菜肴

1. 香焖龙凤翅

【原料】　蛇段 250 克,鸡翅 250 克,素油 60 克,干香菇 4 个,葱、姜、蒜末各少许,酱油、食盐、红糖、黄酒各适量。

【做法】　香菇泡发后切成小块备用,将油倒入锅内熬热,倒入蛇段、鸡翅及葱、姜、蒜末共同炒热后,加水 150 克,酱油 30 克,白酒 20 克,红糖 15 克,食盐少许,翻拌均匀后盖上锅盖,以文火慢煮至蛇、鸡翅能用筷子插穿时,加入香菇块和浸泡香菇的水再煮,直至将水熬干即可出锅。

【特点】　香酥适口,老少皆宜,是冬令进补之佳品。

2. 蛇肉火锅

【原料】　净蛇肉 500 克,鸡脯肉 250 克,熟火腿肉 150 克,笋肉 100 克,料酒 50 克,鲜汤 1000 克,葱丝、姜丝、精盐、味精各少许。

【做法】 蛇肉切段,鸡肉、火腿肉、笋肉分别切成薄片。置锅于火上,加入清水后将蛇段煮熟备用。火锅中先放入煮熟的蛇段,再加笋片、鲜汤、姜丝、精盐、料酒,焖 10 分钟,再放入火腿肉片、鸡脯肉片、味精后略煮片刻,再撒入葱丝即成。

【特点】 蛇肉鲜嫩,汤清味醇。

3. 首乌红心羹

【原料】 蛇肉片 500 克,何首乌 30 克,枸杞子 50 克,糯米、粳米各 50 克,冰糖适量。

【做法】 将何首乌洗净后用布包扎紧,放入沙锅内,加水适量煎取浓汁并去渣,加入糯米、粳米、蛇肉片、冰糖同煮至九成熟时,加入枸杞子煮成粥状即可。

【特点】 补气益血,养颜护肤,特别适合于妇女和老人食用。

4. 三鲜蛇丝

【原料】 蛇肉 250 克,火腿丝 25 克,香菇 25 克,鲜笋肉 25 克,猪油 100 克,精盐、姜丝、大蒜、味精、胡椒、料酒、麻油、水淀粉各少许。

【做法】 将蛇肉放入沙锅中,加清水、姜片、少量陈皮煮至可褪下蛇肉时取出冷却,轻轻剥下蛇肉并撕成丝。烧锅内放猪油化开烧至六成热,放入葱、姜稍煸,随即放入蛇丝、火腿丝、香菇丝、笋丝炒匀,烹入料酒,再将味精、水淀粉、胡椒粉对成汁淋之,滴入麻油起锅即成。

【特点】 清香可口,色彩美观。

5. 清炖枸杞蛇

【原料】 活蛇 1 条(约 500 克),精盐 10 克,味精 3 克,麻油 2 克,枸杞 25 克,猪油 5 克,料酒 7 克,葱段、姜片、香菜末少许。

【做法】 锅上火放清水,水开后放入处理干净的蛇段焯一下,捞出控净水分后,再放入高压锅内,加入料酒、枸杞、精盐、葱段、姜片、猪油、开水、啤酒、八角、陈皮等,放火上蒸8分钟以上。然后从高压锅内捞出,连汤倒入汤盆内,加味精、麻油、香菜末等调味后,即可食用。

【特点】 肉嫩汤鲜、老少皆宜,有滋补作用,是冬令进补的家常蛇菜。

6. 五彩蛇丝

【原料】 取已处理好的熟蛇丝200克,熟鸡丝50克,冬菇丝50克,冬菇丝50克,笋丝25克,青椒丝50克,姜丝15克,蒜茸5克,香油3克,精盐10克,味精5克,胡椒粉1克,料酒5克,白糖2克,湿淀粉10克,生抽50克。

【做法】 将笋丝、姜丝、青椒丝焯水后,倒入漏勺。起锅入油,将蛇丝用温油划透后,倒入漏勺。锅内留余油少许,放入葱丝、蒜茸烹锅,放入鸡丝、笋丝、冬菇丝、青椒丝、姜丝、蛇丝翻炒,加料酒、精盐、味精、白糖、胡椒粉调味后,再用湿淀粉勾芡,淋香油即可出锅。

【特点】 色、香、味俱全,有爽口不腻的特点,适合夏季食用。

7. 菊花龙虎凤

【原料】 蛇肉100克,猫肉100克,鸡肉100克,菊花2朵,薄脆25克,柠檬叶10克,香菇25克,木耳25克,姜丝15克,陈皮25克,料酒10克,胡椒粉1克,精盐10克,味精3克,排骨粉2克,生抽10克,干淀粉4克,蛋清1个,芝麻油少许。

【做法】 将蛇、鸡、猫肉先焯水除去血污,换冷水放入高压锅中,置于小火上经15～20分钟可得自制高汤,鸡、猫、蛇肉趁热与骨架分离,将骨架重新放入锅中。将姜丝、香菇丝、木耳丝、陈皮丝焯水待用。沙锅上火,加入自制高汤、胡椒粉、料酒、味精、生抽及鸡肉、猫肉、蛇肉烧沸勾芡,淋麻油即成。

【特点】 味道浓郁芳香,口感嫩滑,营养丰富,是蛇菜肴中的代表菜。

8. 香酥蛇皮丝

【原料】 蛇皮350克,精盐3克,鸡汤50克,嫩肉粉2克,椒盐3克,豆油750克(实耗70克)。

【做法】 蛇皮切丝放入碗中,加入精盐、鸡汤、嫩肉粉拌匀,放置10分钟。锅内放油烧至七成热,放入蛇皮丝,炸至八成熟捞出,待油温升至九成热时,再放入蛇皮丝,炸酥捞出,装入盘中撒上椒盐即成。

【特点】 咸、鲜、酥、香。

9. 龙衣凤蛋饼

【原料】 蛇皮1条,鸡蛋4~6个,精盐4克,料酒、花生油少许。

【做法】 将蛇皮用高压锅煮熟,捞出切成碎粒,放入鸡蛋碗中,加精盐、料酒拌匀后待用。锅放油烧至七成热,加入鸡蛋蛇皮摊成饼,煎至两面金黄,出锅装盘。

【特点】 软嫩适口,老少皆宜。

10. 凉拌双丝

【原料】 蛇皮200克,粉丝150克,黄瓜50克,精盐4克,白醋15克,大蒜4瓣,麻油7克,味精少许。

【做法】 蛇皮用高压锅煮熟切成丝,粉丝用开水泡透,黄瓜洗净切成细丝,大蒜去皮捣成蒜泥备用。将蛇皮丝、粉丝、黄瓜丝放入汤碗中,加入精盐、蒜泥、白醋、味精、麻油拌匀后,装盘即可食用。

【特点】 黑、白、绿分明,嫩脆柔软,辣鲜可口,是夏季防暑之佳品。

11. 蛇皮辣子

【原料】 蛇皮200克,精猪肉150克,鲜辣椒4个,蛋清1个,精盐5克,味精2克,生抽15克,嫩肉粉1克,麻油8克,葱姜丝少许,湿淀粉5克,料酒3克,生油500克(实耗50克)。

【做法】 蛇皮用高压锅煮熟,捞出切成丝,鲜辣椒也切成细丝,精猪肉切成丝放入碗中,加入精盐、嫩肉粉、蛋清、湿淀粉拌匀。锅放油烧至五成热,放入肉丝划熟后捞出备用。锅内放油烧热,放入葱姜丝、红辣椒烹锅,加入料酒、生抽、精盐翻炒几下,放入辣椒丝、蛇皮丝、瘦肉丝,收汁后,加味精、麻油装盘即可。

【特点】 口味浓香,鲜辣可口。

12. 翡翠龙衣

【原料】 蛇皮200克,莴苣300克,精盐5克,大蒜6瓣,味精3克,麻油10克,香醋20克,大料1粒,葱姜少许。

【做法】 将莴苣去皮切成象眼片,放入开水锅里焯一下,捞出放入冷开水过凉,大蒜剥去蒜皮,捣成蒜泥备用。将蛇皮放入高压锅内煮熟,捞出切成象眼片待用。蛇皮、莴苣放入盆内,加入精盐、香醋、味精、麻油、蒜泥拌匀即成。

【特点】 入口香嫩爽脆,是春末、夏季的佳肴。

13. 炒龙袍

【原料】 高压锅煮好的熟蛇皮1~2条,猪肉丝200克,调料少许。

【做法】 将熟蛇皮先切寸段,后切成细丝。烧锅内放猪油化开,并放入葱、姜、蒜少许煸出香味,后放入猪肉丝滑炒,炒至八九分熟时,再放入蛇皮丝一起混炒,放入鸡精,滴入香油后起锅装盘。

【特点】 滑而不腻,老少皆宜,常食可防皮肤燥热、瘙痒。

三、药　酒

以蛇浸酒在我国已有悠久的历史,高度的纯粮酒能使蛇体内的有效成分完全溶解释放，而且容易保存，饮用方便。纯粮酒本身就有温通血脉的作用，蛇借酒性，酒助蛇力，更可加强搜风通络之功能。制作精良、配方科学的蛇酒，对多种疾病有辅助治疗的作用。现在市场上的蛇酒品种繁多，比较有名的是"三蛇酒"、"五蛇酒"、"乌蛇酒"。

蛇酒具有祛湿搜风、滋补强壮、治疗跌打损伤的功效。若再加入其他药用动物或补益中药共泡，可使药效增强。如湖南岳阳产的"龟蛇酒"，用眼镜王蛇和金龟配以当归、党参、枸杞、杜仲、蜂王浆、冰糖等多种原料，以优质小曲在地下室浸泡而成。它具有味香醇厚、甘甜润肺、滋阴补肾、强筋健骨之功效，被誉为珍品，畅销海内外。另外，市场上还有蚁龙神酒、参蛇酒、三蛇蛤蚧酒等，都受到消费者的喜爱。国外以日本的陶陶酒和养命酒最具盛名，内含蝮蛇，被称为高级营养健康神剂，畅销世界各地。以上蛇酒的临床使用证明，饮后可提高机体免疫能力，使肌肉消除疲劳，并有增食、提神的作用，有利于身体健康。

一般的蛇酒，成品透明，色呈淡黄，由于浸泡时浸出物有时会析出，故会有沉淀，气味略带芳香及蛇腥气，味腻清润又微涩。蛇酒的色、香、味还可加入适量中药予以改变，如加入红花、五加皮之类的中药，可使酒色鲜艳美观；加入白砂糖、冰糖、蜂蜜，可使蛇酒甜美适口。泡制蛇酒的目的，是为了让蛇体内有效成分溶入酒中，但为了达到防腐保质的目的，必须用酒精含量高的粮食白酒，一般应在50度以上。酒内泡蛇或其他药材后，应定期搅拌或摇动，这样泡制成的蛇酒口味比较纯正。

（一）浸泡蛇酒前的准备工作

蛇酒除专业厂家生产制作外，在民间家庭中也可以自行泡制，无论专业厂家或家庭泡制蛇酒，在制作前都必须做好以下几项准备工作。

(1)保持作坊清洁，严格卫生要求：泡制蛇酒的作坊要做到

"三无",即无灰尘、无沉积、无污染。同时配制人员亦要保持清洁,闲杂人等一律不准进入配置场地。正规厂家的蛇酒各项指标要符合国家制定的制酒标准,其卫生条件要达到防疫要求。

(2)要根据自身生产条件制作适宜的蛇酒:凡是蛇酒,特别是滋补性的蛇酒种类繁多,每一种蛇酒都有其不同的配方和制作工艺要求。首先要根据自身的生产条件和配制技术而定。如自制蛇酒,需要选择适合家庭制作的蛇酒配方,并不是所有蛇酒配方都适宜家庭制作,如有毒副作用的中药材需经泡制后才能使用,如果对药性、剂量不甚清楚,又不懂蛇酒的配制常识,则需要请教中医师或有经验的人,切不可盲目自行泡制饮用型的蛇酒。

(3)泡制蛇酒中的酒和中药材要选取正宗纯品,切忌使用假酒和伪药,以免造成不良后果,妨碍饮者的健康或影响治疗的效果。

(4)准备好基质用酒:目前用于泡制蛇酒的酒类,除白酒外,还有医用酒精(忌用工业酒精)、黄酒、米酒等多种,具体选用何种酒,要按配方需要和疾病的要求而定。

(5)药材要冲洗干净:制备蛇酒用的中药材,制作前要彻底清洗干净。待晾干控净水分后方能使用,切忌取来就用。

(6)要准备好盛酒容器及一切必备材料:容器的大小要按具体的配制量而定。盛装蛇酒用的容器在各地的医疗器械和补酒店都能买到。

(7)讲究泡制工艺:要熟悉和掌握泡制蛇酒的常识及制作工艺技术,切不可盲目泡制。

(二)蛇酒浸泡方法

蛇酒的浸泡方法有活浸法、鲜浸法和干浸法三种。

1. 活浸法

抓取一条活蛇,把它单独关在干净的蛇箱内闭养1个月左右,期间不给水和食物,目的是让它排空腹内的排泄物。浸泡之前从蛇的胃部开始用拇指勒住,自上而下勒至肛门,将肠内食物排尽冲洗干净,最后把这条新鲜的蛇直接浸泡在50℃以上的纯粮白酒中,并密封贮存。蛇与酒的比例为1:10,即500克活蛇可用5千克白酒来浸泡。一般密贮1个月后可饮用,若浸泡半年或一年以上,则药效更佳。饮用时,可根据病情或个人酒量酌饮,该蛇酒对治疗风湿性关节炎效果特佳。有人认为这种浸泡法可保留大量的生物活性物质,货真价实。但这种方法不卫生,有腥味,而且浸泡时非常危险。

2. 鲜浸法

把一条健康无病的活蛇杀死,剖去内脏并用清水冲洗干净,放少量白酒中予以消毒(约5分钟即可),拎出时抖净,置于事先准备好的纯粮高度白酒中,蛇酒的比例可在1:5左右。密封3个月可饮用。本酒祛寒湿、治疗瘫痪效果好。浸泡毒蛇时,不要盲目将其毒牙拔去,虽然蛇的头部有毒腺和毒牙(有毒液),但浸入白酒后不会出现中毒现象,反而使治疗的效果更佳。

3. 干浸法

取一条加工好的蛇干,可以整条也可切成寸段称重后,浸泡于重量为蛇干重5~10倍的纯粮高度酒中,最好是60度左右的白酒,如北京二锅头、衡水老白干等,密贮3~6个月后可取饮。

上述三种浸泡蛇酒的方法,经一次浸泡饮后,可再重新加酒浸之,但药效会比首次有所降低,再饮后就无浸泡的价值和意义了。

(三)蛇酒的配制

蛇酒主要用于治疗运动系统疾病,如风湿及类风湿关节炎、关节劳损等,还有滋补身体等多种作用。不过,浸泡时所用的具体蛇种,各地区有所不同。但是,有一点各生产厂家是共同的,即浸泡蛇酒用的"三蛇"或"五蛇"大部分为毒蛇,小部分即一两种为无毒蛇。

1. 蕲蛇酒

【原料】 蕲蛇1条,羌活、防风、五加皮各25克,当归200克,秦艽300克,地龙200克,僵蚕15克,白酒参照比例。

【做法】 蕲蛇剖腹去内脏,洗净以头为中心盘成圆形,用竹片固定,以炭火烘干后与上药一同放入瓦罐内,注入白酒(每500克原料2000毫升酒)浸泡3天,每3天振摇1次,密封3个月后即可饮用。每日2次,每次15~20毫升。

【功能主治】 此酒有祛风湿,舒筋活络,解痉攻毒之功效。适用于中风,半身不遂,口眼歪斜,骨节疼痛,四肢麻木,筋脉拘急以及类风湿关节炎和破伤风、恶疮等症。

2. 金银环蛇酒

【原料】 金环蛇、银环蛇各1条,白酒适量。

【做法】 金、银环蛇去头及内脏后直接浸酒,按每500克用2000毫升酒的比例,浸泡30天,每3天振摇1次,密封3个月后即可饮用。每日3次,每次15~20毫升。

【功能主治】 此酒有祛风除湿,镇静安神,解毒消肿,活血止痛之功效。适用于风湿麻痹,手足瘫痪,关节肿痛,四肢筋脉拘急,半身不遂,口眼歪斜及中风瘫痪等症。

3. 乌梢蛇酒

【原料】 乌梢蛇1条,羌活、白芍、木瓜各25克,桂皮、川乌、独活、巴戟、防己、白术、松节各20克,黄芪、龙骨各10克,白酒适量。

【做法】 春、秋捕捉,捕捉后除去内脏,盘成圆形,放在铁丝上,用柴火熏至焦黑,再晒1~2天,到干透为止。取乌梢蛇干500克,与诸药一同放入瓦罐内,放入白酒(每500克原料加白酒2000毫升)浸泡30天,每隔3天振摇1次,密封3个月后即可饮用。每日早晚各服1次,每次20~30毫升。

【功能主治】 此酒有祛风除湿,活血定惊之功效。适用于风湿性关节炎,半身不遂,麻木不仁,中风口眼歪斜及皮肤疥癣和疟疾等症。

4. 灰鼠蛇酒

【原料】 灰鼠蛇1条,木瓜、桂皮、川芎、巴戟、白术各30克,白酒适量。

【做法】 取灰鼠蛇全体入药,剖去内脏,洗净,与上药同入广口瓶内,注入白酒(每500克原料加入2000毫升酒),浸泡30天,每隔3天振摇1次,密封3个月后即可饮用。每日1~2次,每次15~20毫升。

【功能主治】 此酒有祛风止痛,通络活血之功效,适用于半身不遂,风湿痹痛,四肢麻木,坐骨神经痛等症。

5. 赤链蛇酒

【原料】 火赤链蛇1条(约500克),牛膝50克,透骨草100克,羌活50克,独活50克,白酒适量。

【做法】 全体入药,春、秋捕捉。捕捉后放入罐内,加入清水放养2日,使其粪便排尽,然后剖腹去内脏洗净,按500克蛇加入2000毫升酒的比例,放入上述几味中药及白酒浸泡2~4周,每隔3天振摇1次,密封3个月后即可饮用。每日2~3次,每次10~20毫升。

【功能主治】 此酒有祛风湿,活血止痛之功效。适用于风湿性关节炎,四肢麻木疼痛,中风口眼歪斜等症。

6. 海蛇药酒

【原料】 海蛇干100克,何首乌、熟地、红花、杜仲、党参、独活、陈皮、木瓜、防风、枸杞子、桂圆肉各50克,白酒3500毫升。

【做法】 将各种药物用干净纱布(双层)包好、扎紧袋口和海蛇干同放陶瓷罐中,倒入白酒加盖,再用几层塑料薄膜覆盖、扎紧,密封贮存30天,每隔3天振摇1次,到期后启封即可饮用。每日 2~3 次,每次 10~20 毫升。平时酒量大者也可适量增至 30 毫升。

【功能主治】 此酒有祛风除湿,强身健骨之功效。适用于风寒湿痹引起的腰膝酸痛,肢体麻木,腰膝冷痛,面部浮肿,神经痛以及中风后遗症等。

7. 白花蛇药酒

【原料】 白花蛇、乌梢蛇各 5 条,制马钱子 15 克,五加皮、老鹳草、豨莶草、千年健、地枫皮、陈皮、红花、肉桂、杜仲、川牛膝、甘草各 30 克,白酒 3500 毫升。

【做法】 将各种药物用干净纱布(双层)包好,扎紧袋口,与白花蛇、乌梢蛇同放陶瓷罐中,倒入白酒加盖,再用几层塑料薄膜覆盖、扎紧。密封贮存 30 天,每隔 3 天振摇 1 次,到期后启封即可饮用。每日 2~3 次,每次 10~15 毫升。平时酒量大者也可适量增至 20~30 毫升。

【功能主治】 此酒有祛风除湿,散寒止痛,活血通络之功效。适用于风寒湿痹引起的筋骨游走性疼痛,腰膝酸软,四肢麻木,屈伸不利等。

8. 五蛇药酒

【原料】 鲜活眼镜蛇、银环蛇、灰鼠蛇、百花蛇、三素锦蛇各 1 条,杜仲、巴戟、千年健、防风各 50 克,白酒 5000~8000 毫升。

【做法】 先将蛇肉煮熟,再将各种药物用干净纱布(双层)装好,扎紧袋口和蛇肉放陶瓷罐中,倒入白酒加盖,再用几层塑料薄膜覆盖、扎紧,密封贮存 30 天,每隔 3 天振摇 1 次,到期后启封即饮用。每餐饭前服 15~30 毫升,每日 2~3 次。

【功能主治】 此酒有祛风除湿,舒筋活络,破血散瘀之功效。对风湿骨痛,腰膝酸软,四肢麻木,半身不遂及跌打损伤都有显著的疗效。

9. 驱风蛇酒

【原料】 蛇1条(有毒、无毒蛇皆可,但毒蛇药效更佳),桂圆、红枣、五加皮、当归、黄芪、秦艽、川芎、灵仙、独活、党参、续断、杜仲、熟地、枸杞各30克,白酒3000毫升。

【做法】 先将蛇肉煮熟,再将各种药物用干净纱布(双层)装好,扎紧袋口和蛇肉放陶瓷罐中,倒入白酒加盖,再用几层塑料薄膜覆盖、扎紧,密封贮存20～30天,每隔3天振摇1次,到期后启封即可饮用。每餐饭前服30～50毫升,每日2～3次。

【功能主治】 此酒有祛风除湿,强筋活络之功效。适用于风湿痹症,手足麻木,筋脉拘急,中风等症。

10. 三蛇酒

【原料】 金环蛇、灰鼠蛇、眼镜蛇各1条(约1000～1500克),50度以上白酒8500～10000毫升。

【做法】 将金环蛇、灰鼠蛇、眼镜蛇分别去头及内脏,用清水洗干净,泡入白酒,密封2～3个月。每隔3天振摇1次,到期后即可饮用。每日早晚2次,每次15～20毫升。

【功能主治】 此酒有祛风湿,活气血,通经络,强筋骨之功能。适用于风湿性关节痛,半身不遂,腰腿冷痛,面部浮肿以及神经痛等症。

(四)蛇酒服用的注意事项

蛇酒也是酒,适量饮用对人体有益,若过饮、暴饮则有百害而无一利。因此,饮蛇酒者不要贪图绵软顺口,大有一饱"酒福"之念,而要有节制、适度,真正扬其所益,避其所害。饮服时可作为加饭酒或在睡前饮用。

(1)服用更要适应:服用蛇酒首先要根据自身的耐受力,一般每次可饮用10～30毫升,或根据病情及所用药物的性质和浓度而调整,总之饮用量不宜过大,应视个人的情况酌定。平时习惯饮酒的人服用蛇酒的量可稍高于一般人,但也要掌握分寸,不能过度。不习惯饮酒的人服用蛇酒时则应从小剂量开始,逐步过渡到需要服用的量,也可以用冷开水稀释后服用。

(2)服用时要注意年龄和生理特点:对于女性来说,在妊娠期和哺乳期一般不宜饮用蛇酒。就年龄而言,年老体弱者因新陈代谢较为缓慢,服用蛇酒的量应适当减少;而青壮年的新陈代谢相对旺盛,服用蛇酒的量可相对多一些;对于儿童来说,其大脑皮层生理功能尚不完善,身体各器官均处于生长发育的最佳阶段,更容易受到酒精的伤害,年龄小的幼儿,酒精中毒的机会更多,可使儿童记忆力减退,智力发育迟缓,因此,儿童一般不宜服用蛇酒。

(3)服用的最佳时间:通常应在饭前或睡前服用,一般佐膳饮用,以使药效迅速吸收,能较快地发挥治疗作用。同时蛇酒以温饮为佳,以便更好地发挥药性的温通补益作用,迅速发挥药效使其贯通全身。饮用蛇酒时,应避免不同治疗作用的药酒交叉使用,以免影响治疗效果。

(五)蛇酒的贮存

(1)凡是用来泡制或分装蛇酒的容器均应清洗干净,然后用开水煮烫消毒,方可盛酒贮存。

(2)泡制的蛇酒,应及时装进口颈细长且肚大的玻璃瓶中,或者有盖中盖的容器中,并将容器口密封好。

(3)蛇酒贮存宜选择在温度变化不大的阴凉处,室温以 10~15℃为好。不能与汽油、煤油以及有刺激性气味的物品混放,以免混放的时间久了蛇酒变质变味。

(4)夏季存放蛇酒时,要避免阳光的直接照射,以免蛇酒中的有效成分被破坏,使蛇酒的功效减低。

四、蛇 干

蛇干系用整条鲜蛇去肠杂后干燥而成的干体,是传统的中药材之一,其中以蕲蛇干(五步蛇干)、乌蛇干(乌梢蛇干)、金钱白花蛇干(银环蛇幼蛇干)、白花蛇干(百花锦蛇干)最为名贵,其次是蝮蛇干和海蛇干。蛇干是我国的名贵中药材,也是我国重要的出口药材之一,在国际市场上十分畅销。

(一)蛇干的主要加工方法

蛇干的加工大都离不开饼蛇、盘蛇、棍蛇这几种形式。但随着销售对象的不同,客户对蛇干制品如有特定的需求时,加工者应尽量满足客户的要求,才能长期立于不败之地。

1. 饼蛇

将活蛇处死,剖开腹部,除去内脏,用清水冲洗干净,用布揩净水分后,浸泡于60%～70%的酒精内,6～8小时后取出稍微晾干。将蛇体盘成圆饼状,放在有盖的炭火上烘干。以头尾齐全、色泽明亮者为佳品。大宗加工者,可用电烤箱。

2. 盘蛇

对于个大而名贵的五步蛇、乌梢蛇之类,加工中除用蛇饼制法外,大多采用盘蛇法。将活蛇杀死、剖腹、去尽内脏后,用竹片将其腹部撑开成片状。使蛇头居正中,依次向外盘成圈,圈与圈之间腹部边缘的相邻接处,缀以白线。烘干后,就成为大于蛇干的圆形片状物。这种加工方法虽比制蛇干费时、费力,但商品外观优于蛇干制品,干燥时较容易。

3. 棍蛇

将蛇处死,去肠杂后拉直,把它烘干或晾干。此种加工方法简单,像海蛇、蝮蛇之类需大量加工时,尤为方便。

(二)烘烤工艺

现国内许多地方常常采用煤饼(球)烘烤,此方法易将蛇盘烤焦或半生不熟而遭虫蛀。此外,煤饼(球)中含有大量硫化物,会降低干品的药效。最好的方法是用远红外烤箱,虽然制干的成本稍高一些,但制出的干品质优价高,完全达到了出口标准,并且适宜成批烘烤。

烘烤蛇干时,电烤箱的温度最好开在恒温 95℃ 左右,这样可保证鲜蛇烤干而不会被烤焦。烘烤过程中要经常翻动烤箱底部的蛇,使之受温均匀。烤箱顶部或底部应留有排水气孔,以便与箱内废气、废水顺利排出。

蛇类的烘烤出干比例:一般中型蛇类,每 1~1.25 千克活蛇烘烤 0.5 千克蛇干;小型蛇类每 1.5~2 千克活蛇出干 0.5 千克;大型蛇类每 0.75~1 千克活蛇出干 0.5 千克左右。鲜蛇进烤箱烤制 6~8 小时最理想,开箱时发现蛇干无异味、无油渍、蛇圈紧连干硬时取出为适,但不能立即装箱(袋)封贮,应在太阳光下暴晒数次后再密封贮存,以防返潮,影响出售时的质量。

(三)几种名贵蛇干的加工

1. 乌蛇干的加工

乌蛇干又名乌梢蛇干,为传统的名贵药材。有祛风湿,通经络,止痛定惊的作用,用于治疗风湿性关节疼痛、肌肤不荣、皮肤隐疹、疥癣、麻风、破伤风、小儿麻痹、骨结核、眉须脱落等症。对皮肤病中的干湿癣、慢性湿疹、荨麻疹、皮炎等均有特效。

(1)加工方法:秋季是加工乌蛇干的最佳季节,因此时的蛇最肥、最壮。将乌梢蛇处死,去掉内脏、脂肪及血污。以蛇头为中心逐渐向外盘成圆饼形,蛇尾盘入紧挨着蛇腹内侧。这种盘法只见蛇头不见蛇尾,是比较常用的一种加工方法。另一种盘法是,将蛇尾绕经蛇腹直接从蛇头旁引出,并把蛇尾含在蛇口中,使其头尾相连。无论采用哪种盘法,均用细竹签以"十"字形插入蛇体内加以固定后,放置在备好的铁丝架上,用文炭火烘干;也可用电烤箱,但一定要掌握好温度,千万别烤糊烤焦,以免影响药效和质量。如加工数量较少,可直接采用日光晒的自然干燥方法。

(2)质量标准:烤干、凉透的乌蛇干,应注意密封保存。乌蛇干的质量,以蛇体干燥、皮黑内呈黄白色、体质坚实、无毒无虫蛀、腥而不臭、无烤焦现象为上品。

2. 金钱白花蛇干的加工

金钱白花蛇干是银环蛇幼蛇挖去内脏的干燥体,是一种可用来预防和治疗多种疾病的名贵药材,有祛风湿、定惊作用,用于治疗抽搐、风湿性关节疼痛、四肢筋脉拘急、半身不遂、疥癣、梅毒、麻风等。

(1)加工方法:取孵出 7～10 天的银环蛇幼蛇,剖腹去内脏,卷成小圆盘状,头置于中心,尾尖含于蛇口中,用竹片交叉穿过圆盘加以固定。对盘卷成圆饼形的幼蛇,可用烘箱或电烤箱烘干,也可用炭火慢慢地烘烤,温度保持在 50℃ 左右为宜,直至烘焙干透。在烘焙时,既要防止烤焦烤糊,又要防止污染,以确保产品质量。把烘焙好的幼蛇干用干净的白蜡纸包好,放入备好的纸箱内,即可出售。如需长期贮存,可将其放置在干燥、通风的地方。

(2)质量标准:成品蛇干的背部呈黑色或灰黑色,有若干白色环纹,并有一条突出的脊棱,蛇鳞片细密有光泽,腹尾齐全,肉色黄白,以盘径小者为佳。直径 3～3.3 厘米为一等品,直径 3.3～4 厘米为二等品,直径 4～5 厘米为三等品。

3. 蕲蛇干的加工

蕲蛇干是著名的中药材,由五步蛇(尖吻蝮)去除内脏干燥制成。五步蛇以湖北蕲春所产的最为有名,故称为蕲蛇。蕲蛇干气味腥臭,有祛风湿,透筋骨,定惊的功效,可用于治疗风湿、瘫痪、麻风、疥癣、惊风、抽搐、破伤风等症,临床应用较为广泛。

(1)加工方法:五步蛇大多在夏秋两季捕捉加工,其加工方法可参照金钱白花蛇干制法,也可采用盘蛇制干法。杀后除去内脏并洗净,用竹片撑开腹部,在未僵之前以蛇头为中心卷曲成圆盘形,用竹签交叉穿插定型,用文火烘干或晒干即为成品。

(2)质量标准:盘径一般为17~34厘米,以无蛀虫、无霉变、无污斑、色泽黄黑、质地松脆为好。

4. 蝮蛇干的加工

蝮蛇干有祛风、镇痛、解毒、补益、下乳的功效。可用于治疗风湿痹痛、麻风、淋巴结结核、疮疖、病后虚弱、多汗、神经衰弱、乳汁不足等。

(1)加工方法:目前加工的蝮蛇干有盘蛇干和棍蛇干两种。

盘蛇干:加工盘蛇干品要选择体肥、个大、体重在0.5千克以上、无外伤的健康活蛇。将浸死的蝮蛇剖腹、取胆、洗净、除内脏,以蛇头为中心卷成圆饼状,置于电烤箱内烘烤。盘蛇烘烤的好坏,直接关系到盘蛇干成品的外观及质量,因此必须盘好,并用细铁丝捆绑好后才能烘制。

棍蛇干:将蝮蛇用沸水烫死,剖腹去内脏,先将肋骨靠近脊柱处折断,使蛇体展开、拉直摊平,加工烘制好的干品一定要彻底晒干,否则头部会有异味。置阴凉处储藏时,切勿用喷洒农药或其他药物驱虫的方法,以免影响品质。

(2)质量标准

盘蛇干:头位于中央,盘径6~10厘米。全身呈黑褐色。腹面带有黄白色鳞片,易脱落。除靠近腹鳞的两行体鳞外,其余体鳞均起棱。眼后具有白色眉线纹,尾短细。

棍蛇干:长度不能短于45厘米。蛇身、头部必须在同一直线上,蛇身完整无缺损,颜色为淡黄色、肉质厚。

除上述蛇干外,其他还有眼镜蛇干、银环蛇干、赤链蛇干、王锦蛇干、水蛇干等。

五、蛇 粉

纯蛇粉内含有20多种氨基酸和锌、铁、钙、磷等20余种矿物质元素,尤其是具有广泛的生理、药理及保健作用的营养素,可全面调补人的神经系统、内分泌系统和免疫系统。具有清热解毒、消炎止痒、镇痛除痹、祛斑护肤等功效,对皮肤不适者,如牛皮癣、痤疮、神经性皮炎、皮肤瘙痒、黄褐斑、粉刺、湿疹等,有很好的辅助疗效。

(一)少量蛇粉加工

加工成蛇粉的蛇,一般多用小型的杂蛇或肢体有破损的蛇。活蛇剖杀后,应及时去内脏,蛇胆、蛇脂肪、蛇鞭等收集另用。蛇清洗干净后,应立即脱水烘干、粉碎、过40目筛、装瓶。在盛夏季节里,蛇肉在空气中存放数小时后,蛋白质便发生化学反应,可产生一种叫尸醇的毒性成分,食之对人体有害。因此,在蛇粉的生产加工中,凡已死亡的蛇不应进入蛇粉生产线,以确保蛇粉的质量。

(二)工厂化蛇粉加工

蛇粉的生产,大体有烘干直接经粉碎机粉碎,也有用酸、碱、酶水解成粉,也有用冰冻干燥粉碎成粉,不论用何种设备、何种方法,生产蛇粉均有严格的要求。

1. 直接干燥粉碎法

杀蛇后,清洗蛇体污物,甩干水分放入烘房或烘柜,烘房或烘柜要安装鼓风设备。在烘烤时蛇条排放不能堆得太厚,各堆之间要留出一定的距离,使温度、湿度均匀,气流有一定流速,温度保持在120℃左右,不能太高,烘至疏松易碎为止。烘好的蛇干冷却后,立即送入粉碎机粉碎,要在无菌操作室包装贮存。目前有的厂家采用红外线辐射干燥,方法类同。从目前蛇粉生产技术发展趋势看,直接加温干燥粉碎法有淘汰的可能,原因是加温后蛇体的活性物质受到破坏,效果不理想。

2. 冷冻干燥粉碎法

将蛇肉搅碎成浆,放入冷冻室冷冻至0℃以下,再放置于高度真空的冷冻干燥器内,在低温、低压条件下,蛇中水分固体升华,而使蛇肉干燥。具体程序是将蛇宰杀,除去内脏,用水冲洗干净,立即置于-10℃以下冷库中冷藏,然后用绞肉机绞碎,搅拌均匀摊成薄层铺于盘中,送入冷冻干燥机在-10℃预冻,冻结后,开启真空干燥机把温度调节为-30~-25℃。干燥箱内逐渐加热至50℃,约36小时后可出箱粉碎。粉碎后用40目筛过筛,装瓶包装贮存。经冷冻后的蛇粉呈棕色粉末状,具腥味。用该法生产的蛇粉含生理活性物质,疗效优于直接干燥法。实践证明,冷冻干燥是一种较好的生产方法,越来越受到厂家的重视。

六、蛇　胆

蛇胆自古以来就是一种珍贵药材,广泛应用于临床或民间,以眼镜蛇、金环蛇、灰鼠蛇(合称"三蛇胆")、五步蛇、银环蛇、眼镜王蛇、乌梢蛇、百花锦蛇、黑眉锦蛇、三索锦蛇等蛇的胆为优。三蛇胆酒或五蛇胆("三蛇胆"再加银环蛇胆、百花锦蛇胆而成)酒内服后,能治风湿骨痛、神经衰弱、消化不良、头昏眼花等症。以蛇胆汁为主要原料制成的眼药水来滴眼,可治疗角膜溃疡、浅层角膜炎等。用蛇胆制成的蛇胆川贝液、蛇胆陈皮末、蛇胆追风丸等中成药,用于治疗小儿肺炎、支气管炎或伤风咳嗽等病,疗效极为显著。目前,市场上销售的蛇胆粉刺霜,就是用蛇胆配以其他药物制成的,它有消除面部粉刺及炎症的效果。将蛇胆汁置开水中服用,每次半个,对治疗小儿惊风有特效。蛇胆汁调麻油,涂于痔疮上,有明显的消炎镇痛作用。蛇胆对酒吞服,可治眼雾不明、皮肤热毒及痱子。

最后,值得一提的是蛇胆的药用价值虽然极高,对许多疾病均有良好药效,但在生吞生服蛇胆时,个别鲜蛇胆有时会携带细菌进入人体,如沙门菌等。另外,蛇体内还常有寄生虫。所以,生吞生服蛇胆是非常不卫生的,并且有一定的危险,严重者可引起急性胃肠炎、伤寒等疾病。吃蛇胆的正确方法是蒸熟后再服用，或者浸酒后服用。

(一)取蛇胆的方法

蛇胆的颜色以碧绿色、绿色为佳，一般将淡黄或橙黄色的叫"水胆"，已无药用价值，通常不入药。一般冬季的蛇胆质量最佳，秋末、夏初两季的稍次些。平时要想获取到质量好且大的蛇胆，必须把活蛇饿上 10～15 天后再取胆，其原因在于蛇的胆汁在不吃东西的情况下有较多的积聚。如果它们一吃食物，胆汁就有不同程度的消耗了。未饿即取的蛇胆，其中的干物质明显少于饿过者。晒干后，前者干重仅占鲜胆的 10%～30%。以同种而不同大小的胆的干重比，体重 1500 克而未饿者胆的干重，还不及 500 克重而经过饿者。另外，取蛇胆之前，得把蛇激怒，再剖腹取胆，这样取出的胆会比平时大出许多。蛇胆取出后，宜放在避光、通风的阴凉处。鲜蛇胆一般现用现剖，不宜放置过久。

1. 活蛇取胆

蛇胆一般位于蛇体吻端到泄殖肛孔之间的中间部位的偏后处，呈梨形或椭圆形，大者如大拇指，小者如花生米，再小者如豆粒。取蛇胆时最好 2 人操作，技术不熟练者负责拿着蛇头，取胆者拽尾，用另一只手从蛇腹由上至下轻轻滑动触摸。若摸到一个滚动的小硬物，那便是蛇胆，手感如同触到人的鼻尖一样。然后，用剪刀剪开一个 3 厘米左右的小口，用两手指挤出蛇胆。取蛇胆时，应连同分离出的胆管一起剪下，剪至胆管的最长处，并用细线将胆管系好，以防胆汁外溢。若直接使用蛇胆的话，可不用系胆管。取出胆囊的蛇，仍可存活数天不死。

2. 杀蛇取胆

杀蛇过程中，在剖腹至蛇胆稍上方时，刀具应斜至肋骨处，以防刺破蛇胆。取出的蛇胆可挂于通风的阴凉处，也可用 60 度的白酒消毒后,放于白酒中贮存,或直接放于冰箱的贮藏柜贮存。

3. 活蛇穿刺取胆汁

为了从一条蛇身上取获得更多的胆汁,科研人员及养蛇场人员现在大多采用"活蛇穿刺取胆汁"法。取胆汁时,要先按住活蛇使其不能扭动,在探明胆囊位置后,稍加压力使胆囊微凸于蛇腹面,用酒精棉球擦拭消毒后,将备好的注射器针头垂直刺入胆囊,然后徐徐抽出胆汁。每次所抽取的胆汁以不抽尽为度,依蛇体的大小,每次可抽取 0.5~3 毫升,间隔 1 个月后可以继续抽取。抽出的胆汁,要装入已消毒的有色玻璃瓶中,也可进行真空干燥后贮存。

(二)蛇胆的形态

蛇胆的重量和体积与整条蛇相比,几乎达到可以忽略的程度;可单就经济价值来说,却恰恰相反,一条蛇的价值,有时 60%~70%在胆上。蛇胆的大小并不完全一致。若取两条大小粗细完全一样的同种蛇,其胆的大小也有差异,往往是雄蛇的胆比雌蛇的胆大得多。常见蛇胆的外观形状见表 7-1。

表 7-1 常见蛇胆的外观形状

蛇 种	形 状	质 地	大小(厘米)	颜色
眼镜蛇	椭圆形或长卵形,胆蒂略偏侧生长	光滑,具韧性	长 1~2.5 直径 0.5~1	墨绿
眼镜王蛇	椭圆形或长卵形,胆蒂略偏侧生长	光滑,具韧性	长 1.3~3.5 直径 0.5~1.5	墨绿
金环蛇	圆形或椭圆形,胆蒂略粗,一侧生长	光滑,具韧性	长 0.7~1.2 直径 0.5~0.7	黄绿
银环蛇	圆形或椭圆形,胆蒂一侧生长	光滑,具韧性	长 0.5~1.0 直径 0.5~0.7	墨绿

续表

蛇 种	形 状	质 地	大小(厘米)	颜色
过树榕蛇	长卵形,胆蒂偏侧生长	光滑,具韧性	长1~2 直径0.5~0.8	墨绿
三索线蛇	椭圆形,胆蒂较粗,胆皮较厚	光滑,具韧性	长1~2 直径0.5~1	深绿
乌梢蛇	白豆状或花生仁状,胆蒂细,胆皮较粗糙	具韧性	长0.8~1.2 直径0.4~0.8	深绿
水律蛇	椭圆形、卵形或类肾形,胆蒂较粗	光滑,具韧性	长1~2.5 直径0.5~1.2	深绿
百花锦蛇	椭圆形或卵圆形	光滑,具韧性	长1~1.5 直径0.5~1	深绿
蟒蛇	卵圆形,胆皮较粗糙	光滑,具韧性	长4~8 直径2~4	黄白至灰白
五步蛇	圆形,卵形,胆皮较厚较粗糙	具韧性	长1.5~2.5 直径1~2	墨绿
蝮蛇	椭圆形或卵形	光滑,具韧性	长1~1.6 直径0.5~0.8	黄绿
水蛇	长椭圆形或长卵形	光滑,半透明状,具韧性	长1.5~3 直径0.8~1.5	黄绿
赤链蛇	长椭圆形或长卵形	光滑,具韧性	长1.8~2.5 直径1.5	黄绿

(三)蛇胆的加工

蛇胆取出后不宜放置过久,必须马上加工处理,否则易变质失去药效。蛇胆制品的加工方法如下:

蛇胆干：用细线扎住蛇胆的胆管晾干即可。

蛇胆酒：鲜蛇胆在泡制蛇胆酒之前，应先用清水洗净血污，并在少量白酒中静置 5 分钟左右，捞出控干后放置在备有酒的瓶中，以 50 度以上的粮食白酒为宜。一瓶 500 毫升的白酒中，一般放置 2~5 枚蛇胆。三蛇胆酒应放品种各异的 3 枚蛇胆（2 种毒蛇胆、1 种无毒蛇胆），五蛇胆酒则放 5 枚不同种类的蛇胆（3 种毒蛇胆、2 种无毒蛇胆），浸泡 3 个月后即可饮服。

胆汁真空干燥粉：将鲜胆汁放入真空干燥器中进行干燥，得到绿黄色的结晶粉末，将粉末装瓶或装袋备用。

(四)质量标准

各种蛇胆中以眼镜蛇胆汁的质量最好，其次是乌梢蛇胆和五步蛇胆，最差的是盲蛇胆和水蛇胆。蛇胆的颜色以碧绿色为佳，水样胆或粉色胆无药用价值。

七、蛇　鞭

蛇鞭含有雄性激素和蛋白质等成分。在中医上有"以脏补脏、同气相求"的理论。据测定，蛇鞭所含有补肾物质要比鹿鞭高出 10%，比海狗肾、狗肾、牛鞭要高出 30%。蛇鞭具有补肾壮阳、温中安脏的功能，可以治疗阳痿、肾虚、耳鸣、慢性睾丸炎、妇女宫冷不孕、性冷淡等症。蛇鞭再加入其他补益中药，药效更佳，可起到补血养精的作用。对于男性精液减少或含精量低、成活率差所致的不孕症，对妇女内分泌紊乱、排卵差、继发性闭经和经量少所致的不孕症均有疗效，显效率高达 92.5%。

目前，以蛇鞭为原料制作的"蛇鞭丸"、"蛇鞭散"已开始投放香港及海外市场，深受患者欢迎（阳虚阳盛有湿热及性欲亢进者忌用）。

1. 蛇鞭的摘取

蛇鞭即雄蛇的生殖器官。一副完整的蛇鞭包括两只性腺睾丸、两条交接器，平时藏卧于雄蛇泄殖肛门后 2~3 厘米处。杀蛇时，摘取蛇鞭很简单，平时杀蛇要养成脚踏蛇肛门下端的习惯，这样便于随时分辨蛇的雌雄。若是雄蛇，它的一对蛇鞭就会马上翻伸出来，这时脚下再稍微一用力，可使之完全露出来，在斩头、剖腹、取胆后，顺便用手中的剪刀将其剪下即可。剪蛇鞭时，用力要稳，不要将一对蛇鞭剪散。无论是药用还是出售，完整的成对蛇鞭在药效和价格上均高于单鞭和散鞭。

2. 蛇鞭的加工

蛇鞭干：将蛇鞭取出，洗净血污，抹净水分后，悬挂于通风处晒干或烘干即可。

蛇鞭散：将烘干、无虫蛀、无霉变的蛇鞭研成极细的粉末，真空包装贮存。

蛇鞭酒：取新鲜蛇鞭或蛇鞭干，直接浸泡于 50 度以上的粮食白酒中，3 个月后可饮服。用完后可再浸泡 1 次。

八、蛇　油

蛇油是在杀蛇时从蛇体内剥得的脂肪，熬炼成油脂后可以应用于临床，也可用于皮革工业。蛇油食用虽具有营养和保健价值，但腥气太重，大多数人接受不了，因而多将其作为外用药。

1. 熬制

宰杀王锦蛇等大型蛇类时，取出腹腔内的脂肪，用文火熬炼。当出油时，应停止加热，压榨后去渣即得纯蛇油。用容器密封保存于常温下备用。

2. 贮存

如剖杀的活蛇较多,一时间来不及熬炼,可将剥取下的蛇脂肪用塑料袋装好,放于冰箱或冷柜中保存,待日后需熬炼时解冻化开即可加工。蛇油中含有天然的抑菌成分,与其他动物明显不同的是,蛇油长期保存不会变质。

九、蛇 血

蛇血清中含有细胞毒,可以杀死多种细菌,如伤寒沙门菌、霍乱弧菌和普通变形杆菌等。蛇血还有中和及承受一部分蛇毒的双重作用。

在我国南方,民间相信蛇血能够治病,因而常饮用活蛇滴出的鲜血。杀蛇斩断蛇头后,用手握住蛇颈部,对准事先放好的酒杯,直接将鲜蛇血滴入杯中,用 55 度以上的粮食白酒即时勾兑,以防凝固成块,搅拌均匀后可直接饮用。常饮鲜蛇血酒有活血、补血、消除肿痛的作用,对患有贫血症的患者,效果特别明显,不过生喝蛇血不卫生。另一种较卫生的吃法是将蛇吊起,截去蛇尾后以碗接血,冲入等量的酒,备用。用鸡蛋 2 个,白糖 100 克,生姜 15 克加水适量煮熟与蛇血酒混匀后服用,用于治疗血虚,有明显的补血、活血、抗心力衰竭的疗效。

十、其 他

1. 蛇蛋(卵)

蛇蛋可以食用,不但味美,营养丰富,而且有清凉解毒、滋阴补肾等功效。蛇卵入药,记入古代医书的不多,不过民间有用蛇卵治病的方法。

(1)治疗淋巴结核:取蛇卵一枚,加白酒 30 毫升拌匀后,置瓦上焙焦,研末调植物油涂于患处。

(2)治疗赤白痢:将蛇卵盐渍后,加米以文火熬粥食之。

(3)产后增乳:取孕水蛇剖腹取其卵,加入水和酒共煮,连汁食用。

2. 蛇头

有毒蛇头含有大量毒素,是医治风湿、增强机体免疫功能的良药,蛇毒中还含有特殊的止痛有效成分。若配合中草药中的祛风活血、软坚散结、行气止痛、散瘀通络的药物共同发挥作用,会收到意想不到的疗效。用蛇头治病,多出现在中医的处方或民间验方中。

(1)蛇头酒治疗腰肌劳损:用金环蛇、银环蛇、眼镜蛇、过树蛇等蛇头各适量,50度纯米酒适量,中药威灵仙、秦艽、麻黄、当归、牛耳枫、千斤拔等各适量,放入瓷器中密封浸泡1年后饮用。每天口服3次,每次30～50毫升,并取少量外擦患处,每天3次。

(2)蛇头治风湿:毒蛇头若干个,与杜仲适量一起炖服,并将蛇药渣与蛇头晒干研成粉末一并吞服,半月后即有明显疗效。

3. 蛇骨

蛇骨的药用在《本草纲目》中有介绍,民间的疗法有如下几种。

(1)治疗腹泻:将蛇骨焙焦呈黄色后研成细末,加红糖用开水冲服,每日2～3次,每次1～3克。

(2)治疗疖:蛇骨焙焦研末,调麻油外搽。

(3)治痢疾:蛇骨适量,洗净后置瓦上焙黄,研末后再焙至成黑炭色,用红糖水送服。每日2～3次,每次3～10克。

(4)治冷漏:取蛇骨洗净晾干后研成末状,存放于玻璃瓶中,疼痛时调以杏仁制膏,涂于患处。

4. 蛇舌

蛇舌应用较少,民间有人取蛇舌浸酒或直接吞服来治疗各种疼痛,据称疗效佳。

5. 蛇粪

蛇粪烘干研末,调麻油外搽痔漏、疗疖效果较好,在民间应用较多。

6. 蛇内脏

蛇的内脏如肝、肾等,均具有丰富的营养成分,但因内脏中多有寄生虫,食用时必须彻底煮熟。在医学上也可用于治疗肺结核。

第5节 蛇 标 本

对于养蛇者来说,制作蛇标本出售可增加经济收入。因此,掌握蛇工艺标本的制作技能,对养蛇者来说是非常重要的。

蛇类标本有许多种,如整体浸制标本、内脏浸制标本、内脏的有关器官系统浸制标本、剥制标本、骨骼标本等。这里只介绍整体浸制标本和剥制标本(即蛇工艺标本)的两种制作技术。

一、浸制标本

将整条蛇用药液浸泡,防腐后保存的标本称为浸制标本。蛇的浸制标本,根据制作标本的目的不同,可采用不同的浸制方法。

1. 50%～80%酒精浸制法

对一些小型的蛇,先用注射器向体腔内注入酒精防腐,然后浸泡。稍大的蛇可沿腹部中央纵划一刀,让浸泡液透进蛇的腹部,使内脏器官也浸泡在液体里。酒精制法最好是将蛇标本由低浓度向高浓度逐步更换,造成躯体逐步失水,最后保存在80%的酒精中。这样浸制出的标本,虽经长期保存,也能长久地保持躯体柔软且不失原形,取出后仍可解剖和做组织切片,供进一步研究之用,但酒精浸制蛇标本费用较高。

2. 7%~8%甲醛浸制法

若是活蛇,首先将其用乙醚或原酒麻醉,再用注射器抽取7%~8%的甲醛(40%的甲醛溶液称作福尔马林),从蛇的后侧腹部数处斜向注入体内,即可将其杀死,又可使其内脏不腐败。将蛇杀死后,用清水洗掉蛇体上的污物,再盘曲成所需要的形状,用细线略加捆绑,或用大头针固定在泡沫板上,使其定形,再在蛇体表面涂抹一层20%的甲醛溶液。1小时后蛇体硬化,即可解除细线或拔去大头针,放入备好的玻璃标本瓶内密封。若长期保存,需先用20%的甲醛溶液浸制3~5天后,再浸于7%~8%的甲醛溶液中。如发现浸泡液变黄沉淀,即可更换新液,直到不再发黄沉淀为止。保存时先盖好标本瓶盖,再用事先烧熔的石蜡均匀地涂抹在瓶口上,做最后的密封便于永久保存。然后贴上标签,注明蛇的学名、浸制日期、用途等。

二、剥制标本(蛇工艺标本)

此法先将蛇的皮剥掉,剔去其皮上的肌肉,在皮的内表面均匀地涂上一层防腐剂,然后依型填充内芯,用针缝合整形后即成蛇标本,生物学上称作蛇剥制标本,但人们多将其称为蛇工艺标本。这类标本在整形时要捏出各种各样的生动姿态,力求做到外表逼真,形象生动,栩栩如生,达到以假乱真的效果。

1. 器具及药品准备

在制作蛇剥制标本时,首先要准备好器具和药品,其用具和药品主要有以下几种。

解剖刀:有圆刀、尖刀两种,供切开和分离皮肤用。

剪刀:大小各一,供剪开皮肤用。

镊子:医用和民用的均可,但镊子的尖头要平直、坚固,用来提夹皮肤和夹取细小的物品。

钢丝钳:应同时准备200毫米的钢丝钳和200毫米尖嘴钳两种。用来钳断铁丝、铅丝,做支撑骨架用。

针:缝衣用的小号针,用来缝合皮肤。

义眼:蛇剥制标本(蛇工艺标本)的假眼叫义眼。义眼有各种不同的型号及规格,使用时依蛇眼的具体大小而定。

竹刨花、棉絮、木屑:用来填充假体(内芯)。

木屑糨糊:在棉絮状羧甲基纤维素内加入1倍清水,等到溶解后再掺水,调成稀薄糊状,然后和木屑混合,制成木屑糨糊,用来填塞假体。如果买不到羧甲基纤维素,可用面粉调成糨糊,和木屑混合,再加入少量3‰石碳酸溶液,防止糨糊发霉腐臭。

油灰(桐油石灰):用来嵌骨、整上腭、做假舌、填眼眶等。如果买不到,可以用黏土代替,但要加入3‰石碳酸溶液,防止发霉。或者用石膏代替,就是在石膏粉内加入胶水搅拌而成的糊状。

各号铅丝:用来扎制内芯支撑架。

酒精(工业用):含乙醇95%。

苯酚:俗名"石碳酸",用作防腐剂,有腐蚀性。使用时要防止它的溶液接触皮肤。

40%的甲醛水:俗名"福尔马林",有刺激气味。

新洁尔灭:用作防腐剂或消毒剂。

冰片:用作防腐剂。

五氯酚销(工业用):用作防腐和防霉剂。

聚乙烯酸:用作防腐剂和胶黏剂。

洗衣粉:配制防腐剂时用作表面活性剂。

三氧化二砷:俗名"砒霜",有剧毒,用作防腐、杀虫剂,操作时必须戴防护手套。

苛性钾:配制防腐剂用。

2. 防腐剂的配制

在 20 毫升 95％的酒精中溶解 1 克冰片,再加入 1 毫升苯酚和 3 克新洁尔灭(如果已经配成稀水溶液,可以在最后按比例加入配方中)充分搅拌,使其全部溶解,配成 A 液。取 4 克聚乙烯醇粉,加入 10～20 毫升清水发透,然后加热到透明,配成 B 液。在 A 液内加入 44～54 毫升热水,再慢慢加入 B 液,不断搅拌,就成稀糊状透明的防腐剂。

3. 标本剥制

将处死的蛇放在清水中洗净,然后按下列步骤进行操作。

(1) 除毒牙:如是毒蛇,应小心翼翼地拨开蛇口,用镊子在其上颌骨处取出毒牙,用清水洗掉牙管内的毒质并保存好,等做好标本后再重新装上去。用清水反复冲洗毒蛇口腔,从外侧挤压毒囊并将毒液彻底冲洗干净。最后,将舌头拉出剪断,在舌头中间通入细号铅丝,贴在玻璃板上,涂刷 40％的甲醛后阴干,以备做好标本后再装上去。

(2) 量体形:量好蛇体的长度、头部、躯干部、泄殖腔孔后尾部的粗细,并做好记录。

(3) 剥皮:在工作台上铺一块塑料布,将蛇腹面朝上,放在塑料布上。从泄殖腔孔开始向头部方向,沿腹中线切开皮肤约 12～15 厘米,再从泄殖腔孔开始向尾尖方向,切开整段尾部皮肤。另一种是从泄殖腔孔开始,向着头部方向,沿腹中线切开皮肤,然后由腹面向背面剥离皮肤,将肌肉和皮肤分开;用水洗净血污后,再剥出上段躯体和头部。蛇皮虽薄而坚韧,剥时可用手拉上段皮肤,但是不要拉掉鳞片。剥到头骨眼眶前,将眼睑和眼球相连处剪开并保留头骨,再将口腔内侧顺着上、下颌切开皮肤,迫使颈椎和枕骨之间切断,同时取出上段躯体,然后剥离尾部。

用清水将蛇皮冲洗干净,翻出头部和尾部,在头骨的枕骨大孔处把孔扩大,挖出脑髓和眼球。

(4)涂防腐剂:用清水将蛇皮冲洗干净后,任选一种防腐剂,均匀涂遍蛇的皮肤内表面,头骨上和颅腔内、眼眶内也要涂到。涂后放置一旁,待防腐剂略干后将蛇皮翻回,用湿抹布盖好,以备塞假体。

(5)装内芯:用铅丝扎成蛇体支撑架,并卷上棉絮或其他填充物。铅丝的粗细和长短按蛇体的大小或制作要求而定。内芯的卷法有全卷法和分段卷法,全卷法是在扎好的支撑铅丝上由头部向尾部全条先卷上一层棉絮,用线绕牢,再加卷一层棉絮,用线绕牢,然后糊上一层木屑假糊,内芯粗细按所装的实际测量记录。分段卷法是在全条扎好的支撑铅丝上分成三段来卷,前端卷在前1/3处,中段卷到前1/3与后1/3的中段,尾端由后1/3处开始卷到尾尖上,这种卷法便于将制好的内芯塞入蛇皮内,在缝皮前用竹刨花填满两标本脚之间的空隙。如果是大型蛇,先卷上一层棉絮,再绕上线,再卷一层竹刨花绕上线,然后卷上一层棉絮绕上线,最外一层糊上木屑糊糊。将扎成的内芯,头端铅丝插入颅腔内,尾端铅丝塞入尾尖部。在其眼眶内,上下颌内和鄂骨处要填塞油灰,作为代替肌肉之用。阴干后,头部形态的好坏关键在于油灰的填塞是否随体、得当。

(6)缝合:缝好剪开的蛇皮。缝合时,要尽可能减少露在蛇皮外的线,力求干净利落,给人以较为整齐的感觉。

(7)整形:刷去缝好皮的标本上的灰屑,将头部捏成三角形,摆好姿态。在张开的口内,用胶水粘上毒牙。再从舌根伸出的细铅丝上装上舌和义眼。尾尖处应注入少量的15%~20%福尔马林。蛇皮一般不会褪色,不用上色,只要涂上一层稀薄的清漆,以防鳞片向上翘起影响美观。

附录一　申领野生动物驯养繁殖许可证

1. 审核内容

驯养的种类、场所、资金、技术、饲料来源等。

2. 审核依据

林业部《国家重点保护野生动物驯养繁殖许可证管理办法》第五条。

3. 审核程序

当地林业部门对外办公室受理→林政科核查，林业局加具意见→市林业主管部门加具意见→省野生动植物自然保护站审核发证。

4. 提交材料

(1)书面申请书。
(2)申请表(一式两份)。
(3)兽医技术证明(兽医身份证、技术证书影印件)。
(4)可行性报告(包括技术、种源、场地、饲料等)。

5. 审核时限

十五个工作日。

附录二 全国药材交易市场一览表

蛇类药材为干体,如蛇干、蛇蜕、蛇鞭、蛇胆、蛇皮、蛇毒等,均在国内的主要药材市场交易。下面将这些药材及地址详介如下:

名　称	地　址
河北省安国市祁州药材市场	河北保定安国市东方药城东方东路12号
安徽省亳州市药材市场	亳州市站前路(亳州火车站往西走大概有500米路南)
广东省广州市清平路药材市场	广州清平路45号
广西玉林市火车站药材市场	玉林市中秀路,距离玉林火车站800米
江西省樟树市药材市场	樟树市府桥路15号
河南省辉县市白泉药材市场	河南省辉县市
四川省成都市荷花池药材市场	成都市荷花池
陕西省西安市万寿路药材市场	西安市新城区万寿北路311号
湖南省邵东县廉桥药材市场	湖南省邵东县廉桥镇
广东省普宁市药材市场	普宁市长春路
重庆市解放路药材市场	渝中区解放西路88号
云南省昆明市菊花村药材市场	昆明市菊花村

续表

名　称	地　址
甘肃省兰州市黄河路药材市场	兰州市黄河路
山东省甄城县舜王城药材市场	甄城县舜王城
湖北省蕲春县苏州药材市场	蕲春县苏州
吉林省哈尔滨三棵树中药材专业市场	哈尔滨市太平区南直路485号
湖南岳阳花板桥中药材市场	岳阳市岳阳区花板桥路
辽宁省沈阳市药材市场	沈阳站南300米
浙江省东阳市药材市场	东阳市

另外，五大药都每年还召开一次全国性的药材交易会，参加人数达3万以上，来自国内外的药商或制药厂前去洽谈药材购销业务，交易十分火爆。

河北省安国市药材交易会，会期在每年的4月下旬。

江西省樟树市药材交易会，在每年的10月15日～11月1日。

河南省辉县市白泉药材交易会，在每年的4月上旬。

安徽省亳州市药材交易会，在每年的4月上旬。

湖北省苏州市药材交易会，在每年的10月8日～15日。

附录三　中华人民共和国野生动物保护法

(1988年11月8日第七届全国人民代表大会常务委员会第四次会议通过　1988年11月8日中华人民共和国主席令第9号公布　1989年3月1日起施行)

第一章　总　　则

第一条　为保护、拯救珍贵、濒危野生动物,保护、发展和合理利用野生动物资源,维护生态平衡,制定本法。

第二条　在中华人民共和国境内从事野生动物的保护、驯养繁殖、开发利用活动,必须遵守本法。本法规定保护的野生动物,是指珍贵、濒危的陆生、水生野生动物和有益的或者有重要经济、科学研究价值的陆生野生动物。本法各条款所提野生动物,均系指前款规定的受保护的野生动物。珍贵、濒危的水生野生动物以外的其他水生野生动物的保护,适用渔业法的规定。

第三条　野生动物资源属于国家所有。国家保护依法开发利用野生动物资源的单位和个人的合法权益。

第四条　国家对野生动物实行加强资源保护、积极驯养繁殖、合理开发利用的方针,鼓励开展野生动物科学研究。在野生动物资源保护、科学研究和驯养繁殖方面成绩显著的单位和个人,由政府给予奖励。

第五条 中华人民共和国公民有保护野生动物资源的义务,对侵占或者破坏野生动物资源的行为有权检举和控告。

第六条 各级政府应当加强对野生动物资源的管理,制定保护、发展和合理利用野生动物资源的规划和措施。

第七条 国务院林业、渔业行政主管部门分别主管全国陆生、水生野生动物管理工作。省、自治区、直辖市政府林业行政主管部门主管本行政区域内陆生野生动物管理工作。自治州、县和市政府陆生野生动物管理工作的行政主管部门,由省、自治区、直辖市政府确定。县级以上地方政府渔业行政主管部门主管本行政区域内水生野生动物管理工作。

第二章 野生动物保护

第八条 国家保护野生动物及其生存环境,禁止任何单位和个人非法猎捕或者破坏。

第九条 国家对珍贵、濒危的野生动物实行重点保护。国家重点保护的野生动物分为一级保护野生动物和二级保护野生动物。国家重点保护的野生动物名录及其调整,由国务院野生动物行政主管部门制定,报国务院批准公布。地方重点保护野生动物,是指国家重点保护野生动物以外,由省、自治区、直辖市重点保护的野生动物。地方重点保护的野生动物名录,由省、自治区、直辖市政府制定并公布,报国务院备案。国家保护的有益的或者有重要经济、科学研究价值的陆生野生动物名录及其调整,由国务院野生动物行政主管部门制定并公布。

第十条 国务院野生动物行政主管部门和省、自治区、直辖市政府,应当在国家和地方重点保护野生动物的主要生息繁衍的地区和水域,划定自然保护区,加强对国家和地方重点保护野生动物及其生存环境的保护管理。自然保护区的划定和管理,按照国务院有关规定办理。

第十一条　各级野生动物行政主管部门应当监视、监测环境对野生动物的影响。由于环境影响对野生动物造成危害时,野生动物行政主管部门应当会同有关部门进行调查处理。

第十二条　建设项目对国家或者地方重点保护野生动物的生存环境产生不利影响的,建设单位应当提交环境影响报告书;环境保护部门在审批时,应当征求同级野生动物行政主管部门的意见。

第十三条　国家和地方重点保护野生动物受到自然灾害威胁时,当地政府应当及时采取拯救措施。

第十四条　因保护国家和地方重点保护野生动物,造成农作物或者其他损失的,由当地政府给予补偿。补偿办法由省、自治区、直辖市政府制定。

第三章　野生动物管理

第十五条　野生动物行政主管部门应当定期组织对野生动物资源的调查,建立野生动物资源档案。

第十六条　禁止猎捕、杀害国家重点保护野生动物。因科学研究、驯养繁殖、展览或者其他特殊情况,需要捕捉、捕捞国家一级保护野生动物的,必须向国务院野生动物行政主管部门申请特许猎捕证;猎捕国家二级保护野生动物的,必须向省、自治区、直辖市政府野生动物行政主管部门申请特许猎捕证。

第十七条　国家鼓励驯养繁殖野生动物。驯养繁殖国家重点保护野生动物的,应当持有许可证。许可证的管理办法由国务院野生动物行政主管部门制定。

第十八条 猎捕非国家重点保护野生动物的,必须取得狩猎证,并且服从猎捕量限额管理。持枪猎捕的,必须取得县、市公安机关核发的持枪证。

第十九条 猎捕者应当按照特许猎捕证、狩猎证规定的种类、数量、地点和期限进行猎捕。

第二十条 在自然保护区、禁猎区和禁猎期内,禁止猎捕和其他妨碍野生动物生息繁衍的活动。禁猎区和禁猎期以及禁止使用的猎捕工具和方法,由县级以上政府或者其野生动物行政主管部门规定。

第二十一条 禁止使用军用武器、毒药、炸药进行猎捕。猎枪及弹具的生产、销售和使用管理办法,由国务院林业行政主管部门会同公安部门制定,报国务院批准施行。

第二十二条 禁止出售、收购国家重点保护野生动物或者其产品。因科学研究、驯养繁殖、展览等特殊情况,需要出售、收购、利用国家一级保护野生动物或者其产品的,必须经国务院野生动物行政主管部门或者其授权的单位批准;需要出售、收购、利用国家二级保护野生动物或者其产品的,必须经省、自治区、直辖市政府野生动物行政主管部门或者其授权的单位批准。驯养繁殖国家重点保护野生动物的单位和个人可以凭驯养繁殖许可证向政府指定的收购单位,按照规定出售国家重点保护野生动物或者其产品。工商行政管理部门对进入市场的野生动物或者其产品,应当进行监督管理。

第二十三条 运输、携带国家重点保护野生动物或者其产品出县境的,必须经省、自治区、直辖市政府野生动物行政主管部门或者其授权的单位批准。

第二十四条 出口国家重点保护野生动物或者其产品的,进出口中国参加的国际公约所限制进出口的野生动物或者其产品的,必须经国务院野生动物行政主管部门或者国务院批准,并取得国家濒危物种进出口管理机构核发的允许进出口证明书。海关凭允许进出口证明书查验放行。涉及科学技术保密的野生动物物种的出口,按照国务院有关规定办理。

第二十五条　禁止伪造、倒卖、转让特许猎捕证、狩猎证、驯养繁殖许可证和允许进出口证明书。

第二十六条　外国人在中国境内对国家重点保护野生动物进行野外考察或者在野外拍摄电影、录像,必须经国务院野生动物行政主管部门或者其授权的单位批准。建立对外国人开放的猎捕场所,必须经国务院野生动物行政主管部门批准。

第二十七条　经营利用野生动物或者其产品的,应当缴纳野生动物资源保护管理费。收费标准和办法由国务院野生动物行政主管部门会同财政、物价部门制定,报国务院批准后施行。

第二十八条　因猎捕野生动物造成农作物或者其他损失的,由猎捕者负责赔偿。

第二十九条　有关地方政府应当采取措施,预防、控制野生动物所造成的危害,保障人畜安全和农业、林业生产。

第三十条　地方重点保护野生动物和其他非国家重点保护野生动物的管理办法,由省、自治区、直辖市人民代表大会常务委员会制定。

第四章　法律责任

第三十一条　非法捕杀国家重点保护野生动物的,依照关于惩治捕杀国家重点保护的珍贵、濒危野生动物犯罪的补充规定追究刑事责任。

第三十二条　违反本法规定,在禁猎区、禁猎期或者使用禁用的工具、方法猎捕野生动物的,由野生动物行政主管部门没收猎获物、猎捕工具和违法所得,处以罚款;情节严重、构成犯罪的,依照刑法第一百三十条的规定追究刑事责任。

第三十三条 违反本法规定,未取得狩猎证或者未按狩猎证规定猎捕野生动物的,由野生动物行政主管部门没收猎获物和违法所得,处以罚款,并可以没收猎捕工具,吊销狩猎证。违反本法规定,未取得持枪证持枪猎捕野生动物的,由公安机关比照治安管理处罚条例的规定处罚。

第三十四条 违反本法规定,在自然保护区、禁猎区破坏国家或者地方重点保护野生动物主要生息繁衍场所的,由野生动物行政主管部门责令停止破坏行为,限期恢复原状,处以罚款。

第三十五条 违反本法规定,出售、收购、运输、携带国家或者地方重点保护野生动物或者其产品的,由工商行政管理部门没收实物和违法所得,可以并处罚款。违反本法规定,出售、收购国家重点保护野生动物或者其产品,情节严重、构成投机倒把罪、走私罪的,依照刑法有关规定追究刑事责任。没收的实物,由野生动物行政主管部门或者其授权的单位按照规定处理。

第三十六条 非法进出口野生动物或者其产品的,由海关依照海关法处罚;情节严重、构成犯罪的,依照刑法关于走私罪的规定追究刑事责任。

第三十七条 伪造、倒卖、转让特许猎捕证、狩猎证、驯养繁殖许可证或者允许进出口证明书的,由野生动物行政主管部门或者工商行政管理部门吊销证件,没收违法所得,可以并处罚款。伪造、倒卖特许猎捕证或者允许进出口证明书,情节严重、构成犯罪的,比照刑法第一百六十七条的规定追究刑事责任。

第三十八条 野生动物行政主管部门的工作人员玩忽职守、滥用职权、徇私舞弊的,由其所在单位或者上级主管机关给予行政处分;情节严重、构成犯罪的,依法追究刑事责任。

第三十九条 当事人对行政处罚决定不服的,可以在接到处罚通知之日起15日内,向做出处罚决定机关的上一级机关申请复议;对上一级机关的复议决定不服的,可以在接到复议决定通知之日起15日内,向法院起诉。当事人也可以在接到处罚通知之日起15日内,直接向法院起诉。当事人逾期不申请复议或者不向法院起诉又不履行处罚决定的,由做出处罚决定的机关申请法院强制执行。对海关处罚或者治安管理处罚不服的,依照海关法或者治安管理处罚条例的规定办理。

第五章 附 则

第四十条 中华人民共和国缔结或者参加的与保护野生动物有关的国际条约与本法有不同规定的,适用国际条约的规定,但中华人民共和国声明保留的条款除外。

第四十一条 国务院野生动物行政主管部门根据本法制定实施条例,报国务院批准施行。省、自治区、直辖市人民代表大会常务委员会可以根据本法制定实施办法。

第四十二条 本法自1989年3月1日起施行。

参 考 文 献

1. 顾学玲等. 蛇类无公害养殖综合新技术. 北京:中国农业出版社,2003
2. 顾学玲等. 蛇养殖与蛇产品加工. 北京:科学技术文献出版社,2000
3. 顾学玲. 科学养蛇问答. 北京:中国农业大学出版社,2008
4. 白庆余,金梅. 蛇类养殖与蛇产品加工. 北京:中国农业大学出版社,2001
5. 温美玉. 蛇的饲养与利用. 福州:福建科学技术出版社,2001
6. 杨水尧. 蛇类的饲养与加工. 南昌:江西科学技术出版社,1999
7. 李怀鹏等. 捕养蛇及蛇伤防治. 南宁:广西科学技术出版社,1990
8. 劳伯勋. 蛇类的养殖及利用. 合肥:安徽科学技术出版社,1990
9. 杨东镇. 蛇伤防治与蛇的养殖利用. 北京:中国医药科技出版社,1990
10. 黄祝坚等. 养蛇技术,北京:金盾出版社,1993
11. 谭振球. 蛇的饲养及产品加工. 长沙:湖南科学技术出版社,1994
12. 李荷超. 怎样养蛇. 郑州:河南科学技术出版社,1998
13. 汪志铮. 介绍多层立体式地下蛇房. 蛇志,1998(4):36

图书在版编目(CIP)数据

商品蛇饲养与繁育技术/陈宗刚,张洁主编.—北京:科学技术文献出版社,2013.5(重印)

ISBN 978-7-5023-6484-7

Ⅰ.①商… Ⅱ.①陈… ②张… Ⅲ.①蛇-饲养管理 ②蛇-良种繁育 Ⅳ.①S865.3

中国版本图书馆CIP数据核字(2009)第191795号

商品蛇饲养与繁育技术

策划编辑:李 洁 责任编辑:周 玲 责任校对:唐 炜 责任出版:张志平

出 版 者	科学技术文献出版社
地 址	北京市复兴路15号 邮编100038
编 务 部	(010)58882938,58882087(传真)
发 行 部	(010)58882868,58882874(传真)
邮 购 部	(010)58882873
官方网址	http://www.stdp.com.cn
发 行 者	科学技术文献出版社发行 全国各地新华书店经销
印 刷 者	北京时尚印佳彩色印刷有限公司
版 次	2009年10月第1版 2013年5月第6次印刷
开 本	850×1168 1/32
字 数	189千
印 张	7.75
书 号	ISBN 978-7-5023-6484-7
定 价	14.00元

版权所有 违法必究

购买本社图书,凡字迹不清、缺页、倒页、脱页者,本社发行部负责调换